汤汤水水
滋养全家

萨巴蒂娜◎主编

中国轻工业出版社

一碗好汤水

若问我喜欢吃番茄炒蛋还是番茄蛋汤，我更喜欢后者一点。

没什么胃口，或者懒得做饭的时候，就做一锅番茄蛋汤，把一小碗米饭倒进一大碗汤里面，稀里呼噜吃完，连汤带水，甚是方便，快捷、营养，胃口和身体都喜欢，厨房也洁净。

平时我喜欢在周末熬好一大锅浓浓的牛腩汤或者老鸡汤，放凉之后分几份装入保鲜袋，然后入冰箱冷冻保存。想喝汤的时候，就拿一袋出来，放进大锅里面，添加适量的水，煮开就是一锅美汤。再炒个蔬菜，弄点干粮，一顿饭就齐活啦。

我也喜欢用可以定时的粥煲，里面放很难煲软熟的莲子、豆类，很难煲成胶质的银耳、桃胶，只要低温慢煮足够的时间，就能让它们变成美味的粥品。灵活掌握电子厨具，即使零基础，你也可以煲出世界上最好喝、最糯的粥来。

好朋友住院，我煲了一锅排骨南瓜汤和小米粥给她带过去，除了盐和几片姜，什么都没放。她已经胃口不佳很久了，病号饭也吃不下，听说我送了汤和粥来，眼神都亮了，小米粥和汤都吃了大半碗。因为要帮她开胃和调理，我第二天送的是酸菜鱼片汤和花生粥，第三天是乌鸡汤和八宝粥，最后一天送的是熬到几乎成胶质的皂角米银耳羹。朋友出院的时候对我说，这汤水给她续了半条命，要跟我学如何煲汤煲粥。

我相信这绝对是真情实话。这本书给所有喜欢汤水滋润的读者。

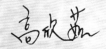

萨巴蒂娜
个人公众订阅号

萨巴小传：本名高欣茹。萨巴蒂娜是当时出道写美食书时用的笔名。曾主编过五十多本畅销美食图书，出版过小说《厨子的故事》，美食散文集《美味关系》。现任"萨巴厨房"主编。

敬请关注萨巴新浪微博 www.weibo.com/sabadina

目　录
Contents

第一章
快手爽口的清汤

紫菜蛋花汤
016

荷蒿鸡蛋汤
018

胡萝卜鸡蛋汤
020

田七木耳汤
022

口蘑乳瓜汤
023

双菇油菜汤
024

冬笋菌菇蔬菜汤
025

白玉菇菠菜汤
026

鸡丝菌菇汤
028

猪血豆腐汤
030

油菜脆豆腐汤
032

海米豆腐汤
034

翡翠鱼丸汤
036

银芽发菜汤
038

时蔬海鲜汤
040

虾皮丝瓜汤
042

腐竹青豆汤
043

西蓝花木耳腐皮汤
044

家常酸辣汤
046

西式蔬菜汤
048

粉丝蔬菜汤
050

番茄土豆汤
052

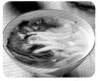

青菜榨菜汤
054

冬瓜豆芽汤
055

玉米粒冬瓜汤
056

第二章
清香营养的甜汤

活力果蔬汁
058

红糖陈皮莲子汤
060

蜜枣南瓜红莲汤
061

莲子水果甜汤
062

银耳桂圆汤
064

蜂蜜红薯银耳羹
066

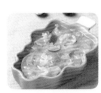

金橘柠檬雪耳汤
068

百合银耳雪梨汤
070

川贝雪梨汤
072

薏米红豆浆
073

玫瑰双红汤
074

荷叶绿豆甜汤
075

花生马蹄汤
076

牛乳黑豆浆
078

椰奶木瓜汁
079

第三章
滋味浓郁的肉汤

菌菇蛤蜊汤

扇贝豆腐汤

清炖鲍鱼汤

菌香素鸡螺片汤

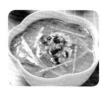
酸辣海参汤

生蚝紫菜汤

金针菇鱿鱼汤

冬瓜蟹肉汤

蛏子粉丝汤

香菇海蜇汤

茶树菇干贝汤

常用计量单位对照表

1 茶匙固体调料 = 5 克
1 茶匙液体调料 = 5 毫升
1/2 茶匙固体调料 = 2.5 克
1/2 茶匙液体调料 = 2.5 毫升
1 汤匙固体调料 = 15 克
1 汤匙液体调料 = 15 毫升

初步了解全书

看着名字就流口水

时间、难易度清楚明了

需要用到的食材一目了然，
要打有准备的仗

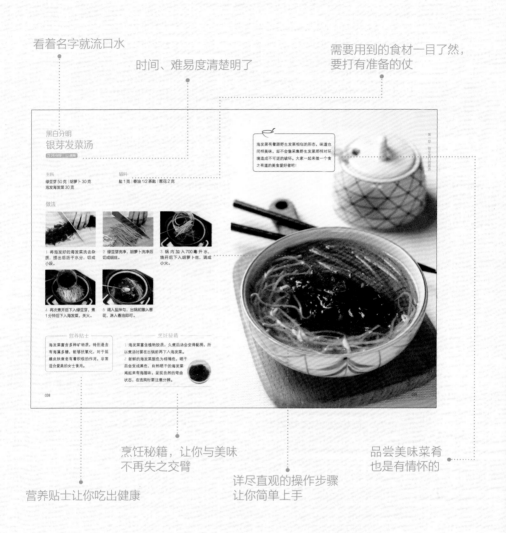

烹饪秘籍，让你与美味
不再失之交臂

品尝美味菜肴
也是有情怀的

营养贴士让你吃出健康

详尽直观的操作步骤
让你简单上手

为了确保菜谱的可操作性，

本书的每一道菜都经过我们试做、试吃，并且是现场烹饪后直接拍摄的。

本书每道食谱都有步骤图、烹饪秘籍、烹饪难度和烹饪时间的指引，确保你照着图书一步步操作便可以做出好吃的菜肴。但是具体用量和火候的把握也需要你经验的累积。

书中部分菜品图片含有装饰物，不作为必要食材元素出现在菜谱文字中，读者可根据自己的喜好增减。

面对繁琐的步骤、众多的食材和调料，大多数人都会觉得煮汤是一件很难的事情，其实只要掌握了基本的原理，你会发现煮汤并不是什么无法攻克的难关。

但煮汤也是一门学问，食材如何挑选和搭配、火候的把握等，每一项都有章法可循。

一碗好汤要从选料开始

一碗美味与营养兼备的好汤，离不开丰富的原材料，原料可荤亦可素，还可以根据季节添加时令果蔬。

肉类含有丰富的蛋白质和脂肪，这是令肉汤味道鲜美的关键。畜肉、禽肉一定要选择新鲜的，在煮汤前除了清洗干净，还应提前焯一下水，以去除血污。肉类原料一定要在冷水时就下入锅内，如果水开时才下入，肉的表面会瞬间被烫熟并缩紧，不仅影响内部的营养物质的析出，也影响肉类的口感。煮肉汤时要一次就加够足量的水，不要在中途添加凉水。加入凉水会令肉中的蛋白质突然凝固，影响汤的鲜美。为了确保水量足够，煮汤时的水量应至少是原料量的 3 倍以上，如果在中途仍然出现水不够的情况，也一定要加入热水。

用来去腥的葱、姜、料酒等调料要跟食材一起放入，而用来提味的盐一定要在出锅前放，盐放得过早，会促使肉类表面蛋白质凝固，影响汤的品相和口味。

煮鱼汤时，可以提前将鱼用小火煎至两面微黄后再煮汤，这样不仅可以让鱼肉在煮汤时不易散掉，也可使煮出的鱼汤呈现出奶白色。

制作蔬菜汤时，不要将菜切得太小，这样会导致蔬菜中的水溶性维生素过度流失，也可以用手将蔬菜撕成大块，在煮的时候要掌握好时间，不宜煮太长时间。

煮汤原料的选择应根据季节而变化，春夏季干燥、炎热，应以清淡的汤为主，用新鲜的果蔬入汤，可以补充维生素、矿物质和水分；而秋冬季多寒冷，可以多制作一些肉汤，一碗热汤下肚，不仅促进全身血液循环，也能有效地驱寒保暖。

选对锅是成就好汤的法宝

工欲善其事必先利其器，煮汤也是如此。如果说好的食材是一碗好汤的基础，那么，一口好锅就是成就好汤的关键。

| 汤锅 | 汤锅是每个家庭中必备的锅具，不仅大小各异，材质也有很多种：不锈钢、陶瓷、玻璃、搪瓷等，不同材质的汤锅各有优缺点，可以根据实际情况来挑选。 |

不锈钢锅的保温性较好，可用于明火和电磁炉，是家庭中最常见的锅，但因为底部导热不均，容易烧焦食物，在烹饪时需要格外注意。

陶瓷经过了长时间的高温烧制，使其具备了耐高温、耐冷热交替的性能，不仅可以用于明火，也能用于烤箱、微波炉中。

耐高温的玻璃导热性能好，便于清洗，且锅体多为透明或半透明状，能够清楚观察到食材的变化，利于掌握时间和火候。

搪瓷的保温性能很好，在关火后也能保持锅内食材长时间不会冷却，非常适合秋冬季使用，但因为搪瓷材质的特殊性，无法经受温度的骤变，所以一定要等锅体完全冷却后才可以用冷水清洗，另外也不能使用金属餐具，以免刮花搪瓷表面，导致脱瓷。

砂锅　砂锅具有良好的透气性和保温性，非常适合长时间炖煮，是大多数人煲汤的首选，但因为材质的原因，在日常使用时要格外注意保养：首次使用前要用煮米汤的方式养锅，用以填充砂锅的缝隙，延长其使用寿命。

焖烧锅　焖烧锅保温性能很好，通常在 24 小时后仍能保证80℃左右的温度，但通过保温的方式加热食材仍然跟明火的方式有很大差别，所以焖烧锅更适合制作一些简易食材的汤、粥，比较适合快节奏的生活。

炖盅　炖盅采用的是隔水加热的方式，加热时间通常比较长，炖盅里的水分流失少，所以比较适合炖煮甜汤。

火候到了汤味自美

煮汤时的火候把握极其重要，这是汤是否能煮好的关键因素，火候把握的原则是：大火煮沸，小火慢炖。

使用明火时，大火是指火焰外焰刚好舔着锅底，火力强；小火是指火焰高度很小，呈现蓝绿色。如果使用的是非明火，可以通过观察汤的状态来分辨，大火指汤从中心处滚沸，一直蔓延到锅边，像一朵盛开的大菊花；小火是汤中心只有小范围的沸腾，煮汤时也不会有浓浓的蒸汽冒出。

煮汤时要定时查看火候，避免溢锅或者汤水烧干的情况，新手在不熟悉煮汤流程的情况下，一定要添够足量的水，并使用容积合适的锅具，煮汤水量达到锅容积的八成是比较合适的。

好汤出锅等你尝

清淡的蔬菜汤、甜蜜的水果汤、浓郁的肉汤，不同的汤有着不同的滋味。一碗热气腾腾的好汤，是一顿饭的点睛之笔，也是煮汤之人犒劳自己和家人的一份心意。

喝汤讲究时机

随着生活水平的提高，人们的健康意识也逐渐增强，吃得健康、吃得营养变成了主流的餐桌文化，喝汤也不例外，作为人们开胃暖身的好方式，喝汤也应讲究恰当的时机。

1. 饭前喝汤

在饭前喝汤，除了有效滋润肠胃，也能起到一定的饱腹作用，避免过量进食。而在饭后喝汤，在已经吃饱的情况下再喝汤，往往会导致热量摄入过量。

2. 喝汤莫着急

细嚼慢咽是吃饭的健康准则，喝汤也是一样，慢慢地喝汤不仅可以充分品尝汤的美味，也延长了消化的时间，由于饱腹感总是落后于进食量，如果吃喝太快，还没等感觉到"饱"，就已经吃过量了。所以放慢吃喝的速度，可以避免摄入过量的食物。

另外刚煮好的汤一般温度都很高，喝得太快太急，会灼伤口腔和消化道黏膜，但完全冷掉的汤也不适宜喝，比如肉类、鱼类等煮出的汤会含有动物脂肪，冷却后的肉汤除了更腥外，也不利于消化。

喝汤避开误区

1. 既要喝汤也要吃肉

喝肉汤，往往会存在"只喝汤不吃肉"的误区，认为肉类的营养都已经转移到了汤里，其实，即使经过了长时间的炖煮，肉里的蛋白质也只有不到两成的析出率，其余大部分的营养仍在肉里，所以喝完汤再吃肉，才能把所有的营养都摄入体内。

2. 汤水浓淡要相适宜

喝汤也要讲究季节和时令，秋冬季气温下降，喝汤多为了驱寒保暖，这时候适合煮一些肉类的汤品，汤也要煮得浓郁一些，在驱走身体寒气的同时也能很好地滋补身体；而到了春夏季，气温逐步升高，高温会慢慢影响食欲，这时候就更适合喝清爽的蔬菜汤或者冰镇的甜汤，这样的汤做起来也会非常省时，毕竟谁也不想在夏日闷热的厨房里多待。

喝汤的禁忌

1. 用汤泡饭不可取

很多人在喝汤的时候会采取汤泡饭的方式，觉得这样吃起来更方便也更有营养。其实这样的吃法并不科学，也不健康，经过水泡的饭会膨胀，在吃的时候会让人不自觉地省去咀嚼的步骤，而将饭粒和汤一同囫囵吞下，不仅增加了胃部的消化负担，也会无形中摄入过多的油脂，对健康有不利的影响。

2. 光喝汤不吃饭并不健康

合理搭配的食材和小火慢炖的做法确实会让汤品极富营养，但再美味的汤都不能做到包含所有营养素，一碗汤中的营养也不能满足人体所需，所以只喝汤不吃饭的方法并不可取，这样的做法只会令身体摄入的营养不足，并不能起到减肥的作用。

第一章
快手爽口的清汤

快手早餐汤
紫菜蛋花汤

⏱25分钟 | ♡简单

主料
鸡蛋2个 | 紫菜5克

辅料
盐1克

做法

1 紫菜撕成小块，鸡蛋洗净外壳后擦干待用。

2 将鸡蛋打入小碗中，用筷子打散待用。

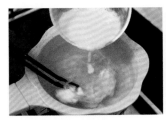

3 锅内加入700毫升水，烧开后调至小火，用筷子顺着一个方向搅拌锅内的水，一边将打散的蛋液慢慢倒入锅内。

4 待鸡蛋凝固后下入紫菜，关火，盖上锅盖，闷10分钟。

5 加入盐，用勺子轻轻搅匀即可。

— 营养贴士 —

紫菜营养丰富，蛋白质含量要高于海带，是非常好的佐餐食材，特别是含有较多的胡萝卜素，对于维持皮肤和眼睛的健康都非常有帮助。

— 烹饪秘籍 —

鸡蛋的最佳食用期是15天，所以不要一次采购太多。挑选鸡蛋时应选外壳干净、无缝隙、没有沾染鸡粪的鸡蛋。

匆忙的早晨，没有什么比一碗温暖的汤更实在的了。嫩嫩的鸡蛋花能给一上午的工作提供满满的能量支持，简单快速的制作方法也不会占用太多时间。从今天起要记得按时吃早餐哦！

暖暖的晚餐汤
茼蒿鸡蛋汤

⏱ 25分钟 | ♡ 简单

主料

茼蒿 50 克 | 鸡蛋 1 个 | 面粉 1 汤匙

辅料

小葱 1 根 | 盐 1 克 | 植物油 2 茶匙

做法

1 茼蒿去根后洗净，沥干水分，切段。

2 小葱洗净后切成葱花；鸡蛋打入碗中，用筷子打散成均匀的蛋液待用。

3 面粉倒入碗中，分次加入 1 汤匙水，边加水边用筷子搅拌成面絮状。

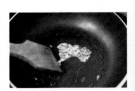

4 汤锅烧热后加入植物油，烧至五成热时下入葱花爆香。

5 倒入 700 毫升水，烧开后慢慢倒入面絮，并用汤勺搅拌以免粘锅。

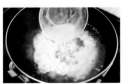

6 再次烧开后调成小火，将打散的蛋液用画圈的方式倒入锅内。

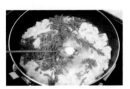

7 待蛋液凝固后轻轻搅拌一下，下入茼蒿，再煮半分钟后关火，调入盐并拌匀即可。

— 营养贴士 —

茼蒿富含水分，其茎叶中还含有丰富的膳食纤维，能够有效促进肠胃蠕动，帮助消化，再加上其独特的香味，能增进食欲，是非常好的开胃促消化的蔬菜。

— 烹饪秘籍 —

茼蒿的叶子比茎更易熟，所以可以先下入茎，再下入叶，且煮的时间不宜过长，长时间的高温会导致其营养素的流失，也会让绿色的茎叶变色，影响口感和美观。

在忙碌了一天后，你是否为晚餐而发愁？其实一顿快手的晚餐并没有想象中的复杂，比如这款超级简单的茼蒿蛋汤，只需十几分钟，一碗热气腾腾的美味蛋汤就可以上桌了！

赏心悦目的橙色
胡萝卜鸡蛋汤

⏱ 20分钟 | 🥢 简单

主料
胡萝卜60克 | 鸡蛋1个

辅料
蒜1瓣 | 盐1克 | 植物油2茶匙

做法

1 胡萝卜洗净后切成细丝；蒜洗净，去皮后切末待用。

2 鸡蛋打入碗中，用筷子打散成均匀的蛋液。

3 汤锅内加入植物油，烧至五成热时下入蒜末炒出香味，下入胡萝卜丝翻炒半分钟。

4 加入700毫升水烧开，调成小火，慢慢将蛋液以画圈的方式倒入锅内。

5 待蛋液凝固后关火，调入盐并拌匀即可。

--- 营养贴士 ---

胡萝卜中含有大量胡萝卜素，会在肝脏中转化为维生素A，而维生素A又有防治眼干、改善视力衰退及夜盲症的作用，是非常好的保健食疗蔬菜。

--- 烹饪秘籍 ---

胡萝卜素是一种脂溶性维生素，所以在煮汤前先将胡萝卜用油炒一下，可以促进人体对胡萝卜素的吸收。

胡萝卜的颜色和可塑性，令其在多数菜肴中一直充当着配角，这一次，让这碗汤成为胡萝卜的个人舞台吧，橙色的胡萝卜和黄色的鸡蛋，不仅是色彩上的完美搭配，也是营养上的最佳拍档。

全新的尝试
田七木耳汤

 15分钟 | 简单

用木耳做的汤都非常美味，食材的搭配也可以随心所欲，蔬菜、肉类、海鲜都可以下入汤中，这次不妨也加入时鲜的田七苗吧！

主料

田七苗 60 克 | 泡发木耳 30 克

辅料

盐 1 克

做法

1 田七苗洗净，用手撕成小瓣。

2 将泡发好的木耳去根后洗净，切成丝。

3 锅内加入700毫升水，煮开后下入木耳煮1分钟。

4 下入田七苗，再次煮开后关火，调入盐拌匀即可。

— 营养贴士 —

木耳中富含氨基酸、维生素和多种矿物质，特别是含有丰富的铁元素，被誉为菌类中的"含铁冠军"，是补充铁元素的优质食材。

— 烹饪秘籍 —

生的田七苗会有一些药味，煮熟后的味道会更易于接受，但不宜煮得时间过长，在煮汤时要最后再下入锅中。

爽滑可口

口蘑乳瓜汤

⏱ 20分钟 | 🍴 简单

用菌类入汤，鲜味自不言而喻，口蘑的鲜味非常特别，再加上其纯白的颜色、比其他蘑菇更耐嚼的口感，在汤品中更能激发食欲。

主料

小乳瓜 75 克 | 口蘑 50 克

辅料

白胡椒粉 1 克 | 盐 1 克 | 植物油 2 茶匙

做法

1 小乳瓜洗净后削皮，切成厚片。

2 口蘑洗净后去根，切片待用。

3 锅内加入植物油，烧至五成热时下入乳瓜片和口蘑片，翻炒至软。

4 在锅内倒入700毫升水，烧开后再煮2分钟，调入盐和白胡椒粉并拌匀即可。

—— 营养贴士 ——

口蘑中含有多达10种以上的矿物质元素，特别是硒、钙、镁、锌等的含量高于一般的食用菌，且易于吸收，是很好的食补食材。

—— 烹饪秘籍 ——

口蘑含水量很高，不易储存，买回来的口蘑要尽快食用，在20℃左右的室温中，口蘑在不密封的避光环境中可以储存两天。

第二章 快手爽口的清汤

一青二白
双菇油菜汤

⏱ 20分钟 | 😋简单

菌菇和青菜是做汤的一对好搭档，一个带来调味品无法复制的鲜美，一个让清汤有了颜色和生机，看上去就让人食指大动，更别提喝上一口了，这大概就是平凡食材碰撞出的火花吧！

主料

金针菇 40 克 | 海鲜菇 40 克
油菜 50 克

辅料

盐 1 克

做法

1 金针菇去根后洗净，掰成小簇；海鲜菇去根后洗净待用。

2 油菜去根后洗净，外层的大片叶子用刀纵向切成两半。

3 汤锅内加入 700 毫升水，烧开后下入金针菇和海鲜菇，调成中火。

4 再次煮开后下入油菜，煮 1 分钟后关火，并调入盐拌匀即可。

—— 营养贴士 ——

金针菇素有"智力菇"的美称，其中含有多种氨基酸和丰富的锌元素，能促进新陈代谢，对于大脑发育也有着积极的作用，非常适合儿童及老人食用。

—— 烹饪秘籍 ——

在选购油菜时，要挑选颜色鲜绿，叶子大而短、叶柄较白的，这样的油菜不仅新鲜，口感也更为软糯。

鲜味十足
冬笋菌菇蔬菜汤

 20分钟 | 简单

用冬笋入菜，鲜味是其最大的优势，在微凉的季节里，将冬笋、茶树菇共同煮沸，两者的香味在沸水中得到更好的释放，将这样的汤端上桌，一定会被一抢而空的！

主料

冬笋 80 克 | 泡发茶树菇 50 克
娃娃菜 50 克

辅料

盐 1 克 | 白胡椒粉 1 克 | 葱花 2 克

做法

1 冬笋洗净、切片；泡发好的茶树菇洗净，切除根部，切成两段；娃娃菜洗净后切丝。

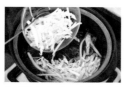

2 锅内加入700毫升水，烧开后依次下入冬笋、茶树菇、娃娃菜。

3 烧开后调成小火，再煮2分钟，加入盐、白胡椒粉并搅拌均匀。

4 出锅前撒入葱花即可。

--- 营养贴士 ---

相比其他季节的竹笋，冬笋的营养价值更高，多达十几种的氨基酸成分是其鲜味的主要来源，冬笋的热量较低，并且含有丰富的胡萝卜素、维生素C、B族维生素和膳食纤维，不仅能减少热量的摄入，也能有效促进消化。

--- 烹饪秘籍 ---

新鲜的冬笋会有涩味，在煮汤前提前焯一下水，可以有效去除涩味，也不会影响汤的口感。

色彩醒目味道好
白玉菇菠菜汤

⏱ 20分钟 | 🍳 简单

主料
白玉菇 50 克 | 菠菜 60 克

辅料
姜丝 2 克 | 盐 1 克 | 植物油 2 茶匙

做法

1 白玉菇洗净、去根，一根根掰开。

2 菠菜洗净、去根，沥干水分后切成两段。

3 锅里加入植物油，烧至五成热时下入姜丝炒出香味。

4 再下入白玉菇翻炒至软后加入 700 毫升水，烧开后调成小火再煮 2 分钟。

5 下入菠菜段，再次煮开后关火，调入盐拌匀即可。

― 营养贴士 ―

菠菜中含有丰富的类胡萝卜素、维生素 C、维生素 K 及钙、铁等矿物质，特别是富含膳食纤维，能够有效促进肠胃蠕动，帮助消化。

― 烹饪秘籍 ―

在选购白玉菇时要挑选菌柄短小、粗细均匀，能直立起来的，这样的白玉菇比较新鲜，味道比较鲜美，购买回来后要放入冰箱冷藏保存，并尽快食用。

修长的白玉菇就像一个个充满灵性的小精灵，随着水温的变化在锅中翻滚，它带来了菌类特有的芳香，令朴实无华的菠菜汤也增加了三分滋味，这大概就是食材搭配的最高境界吧！

浓淡总相宜
鸡丝菌菇汤

⏱ 25分钟 | ♡ 简单

主料
鸡胸肉 100 克 | 金针菇 50 克
泡发木耳 30 克

辅料
植物油 2 茶匙 | 料酒 1 茶匙
葱花 2 克 | 盐 2 克

做法

1 鸡胸肉洗净，切成细丝。

2 金针菇洗净后切成两段；木耳去根，洗净后切成细丝。

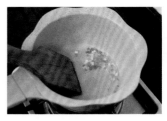

3 锅内加入植物油，烧至七成热时下入葱花爆香。

4 再下入鸡丝，翻炒至变色后倒入料酒，再下入金针菇和木耳翻炒均匀。

5 加入 700 毫升水，烧开后调至小火，再煮 2 分钟后调入盐即可。

─── 营养贴士 ───

木耳富含蛋白质、多糖、矿物质、维生素等营养素，有"菌中之冠"的美称，对提高人的免疫力有一定的作用。

─── 烹饪秘籍 ───

金针菇不易储存，即使是冷藏保存也不宜超过三天，所以为了保证新鲜，金针菇最好现买现吃。

肉香浓烈，菌香绵长，两者相遇便可取长补短，赋予了这道汤别样的风味，没有油腻的口感，也不会寡淡得让人食之无味，这样的搭配便是对恰到好处的最好诠释。

双重口感的体验
猪血豆腐汤

⏱ 25分钟 | 🥄 简单

主料

猪血 100 克 | 北豆腐 80 克

辅料

姜 5 克 | 葱 3 克 | 白胡椒粉 1 克 | 盐 1 克

做法

1 猪血、北豆腐洗净后切成小块。

2 姜洗净，去皮后切片；葱洗净后切成葱花待用。

3 锅内加入 700 毫升水，放入姜片，大火烧开。

4 加入猪血块，再次煮开后保持煮沸状态 2 分钟，调至小火。

5 下入豆腐块、白胡椒粉，继续煮 5 分钟后关火，调入盐拌匀。

6 盛出后撒上葱花即可。

—— 营养贴士 ——

豆腐中富含植物蛋白及钙质，不含胆固醇，被誉为"植物肉"，是优质的植物蛋白来源。常食豆制品对女性有一定的保健作用。

—— 烹饪秘籍 ——

豆腐作为最常见的豆制品，有南豆腐、北豆腐之分，也就是人们常说的嫩豆腐和老豆腐，老豆腐口感扎实，略微有些苦涩。如果不喜欢老豆腐，也可以将配方中的老豆腐换成嫩豆腐来制作，但嫩豆腐久煮后会散，所以要将嫩豆腐下锅的时间延迟 3 分钟，下入后煮一两分钟即可。

猪血提供丰富的铁元素，豆腐提供优质的植物蛋白，一红一白的搭配，从视觉上给人耳目一新的感觉。虽然都叫做"豆腐"，却有着两种截然不同的口感，喜欢尝鲜的你赶紧试试吧！

别具一格的口感
油菜脆豆腐汤

⏱ 20分钟 | ♡ 简单

主料

油菜 50 克 | 千叶豆腐 60 克

辅料

葱花 2 克 | 盐 1 克 | 白胡椒粉 1 克

做法

1 千叶豆腐提前解冻，冲洗干净后切成小块。

2 油菜去根后洗净，切成两段待用。

3 锅里加入 700 毫升水，烧开后下入千叶豆腐，煮开后调成小火，再煮 2 分钟。

4 下入油菜，再次烧开后关火。

5 调入盐和白胡椒粉并拌匀。

6 盛出后撒入葱花即可。

--- 营养贴士 ---

千叶豆腐是高蛋白、低热量的素食，并且富含钙质。钙是人类骨骼的重要组成部分，日常饮食中多摄入钙含量丰富的食物，对人体有积极的保健作用。

--- 烹饪秘籍 ---

市售的千叶豆腐基本上是冷冻产品，完全解冻的千叶豆腐因为弹性太好，并不利于切出形状，从冰箱取出后放入冷水中浸泡 10 分钟左右，待表面变软时就可以拿出来切了，切完后再继续放入冷水中浸泡至全部解冻即可。

千叶豆腐的出现完全颠覆了人们对豆腐的固有印象，豆腐不再是经不起煮的娇气食材。在保留了营养的同时，千叶豆腐还带来了全新的味觉体验，特别是将其煮在汤里，吸满汁水后，更是让人食指大动。

强健你的骨骼
海米豆腐汤

⏱ 50分钟 | ♡ 简单

主料

海米 20 克 | 南豆腐 100 克

辅料

料酒 1 汤匙 | 葱花 2 克 | 植物油 1 茶匙

做法

1 海米用清水浸泡半小时后洗净，沥干水分。

2 南豆腐洗净后切成2厘米见方的小块。

3 炒锅内倒入植物油，烧至五成热时下入海米，略微翻炒后加入料酒，翻炒均匀。

4 倒入700毫升水，烧开后下入豆腐块。

5 再次煮开后关火，撒入葱花即可。

— 烹饪秘籍 —

1 海米有淡干和盐干之分，盐在海米中起到良好的防腐作用，可以采用多次浸泡并换水的方式除去其中的盐分。

2 海米颜色呈现均匀的黄色或者浅红色，形态完整的品质较好，颜色发白或者发黑、比较碎的海米就不太新鲜了。

— 营养贴士 —

海米是钙质的优质食物来源，和同样富含钙质的豆制品搭配在一起，可以有效补充钙质，预防骨质疏松，对于儿童、妇女及老年人都有着积极的保健作用。

豆腐是一种很神奇的食材，因为质地的特殊性，豆腐可以很好地吸收其他食材的味道，将海米煮进汤里，鲜味便随着汤汁渗入豆腐，豆腐也有了鲜美无比的口感，一口咬下去，别提有多美味了！

弹牙嫩滑
翡翠鱼丸汤

🕐 25分钟 | 💭 简单

主料

鱼丸 100 克 | 紫菜 5 克 | 豌豆苗 50 克

辅料

白胡椒粉 1 克 | 盐 1 克 | 香油 1/2 茶匙

做法

1 豌豆苗洗净，沥干水分，切成两段；紫菜撕成小块待用。

2 锅内加入 700 毫升水，烧开后下入鱼丸，煮沸后调成小火，再煮 5 分钟至鱼丸全部浮起。

3 下入豌豆苗和紫菜碎，再次煮开后关火，调入盐和白胡椒粉拌匀。

4 盛出后淋入香油即可。

—— 烹饪秘籍 ——

鱼丸可以买市售现成的，也可以自己制作，选择常见的鱼类，比如草鱼、鲈鱼、鲅鱼等，将鱼肉用料理机或破壁机打成肉泥，再用手掌的虎口处将肉泥挤成肉丸，下锅煮熟即可。

—— 营养贴士 ——

豌豆苗富含钙质、多种维生素和膳食纤维，颜色翠绿，口感清爽，不仅能有效促进消化，还有利尿、止泻等作用。

一个个洁白圆润的鱼肉丸子，在锅里上下翻腾，在紫菜和豌豆苗中时隐时现，像极了在水中嬉戏的淘气小鱼，这样一碗可爱又美味的汤，谁能拒绝呢？

黑白分明
银芽发菜汤

⏱ 25分钟 | ♡ 简单

主料

绿豆芽 50 克 | 胡萝卜 30 克
泡发海发菜 30 克

辅料

盐 1 克 | 香油 1/2 茶匙 | 葱花 2 克

做法

1 将泡发好的海发菜洗去杂质，捞出后沥干水分，切成小段。

2 绿豆芽洗净，胡萝卜洗净后切成细丝。

3 锅内加入 700 毫升水，烧开后下入胡萝卜丝，调成小火。

4 再次煮开后下入绿豆芽，煮 1 分钟后下入海发菜，关火。

5 调入盐拌匀，出锅前撒入葱花，淋入香油即可。

— 营养贴士 —

海发菜富含多种矿物质，特别是含有海藻多糖，能够抗氧化，对于延缓皮肤衰老有着积极的作用，非常适合爱美的女士食用。

— 烹饪秘籍 —

1 海发菜富含植物胶质，久煮后汤会变得黏稠，所以煮汤时要在出锅前再下入海发菜。

2 新鲜的海发菜颜色为棕褐色，晒干后会变成黑色，自然晒干的海发菜闻起来有海腥味，呈现自然的弯曲状态，在选购时要注意分辨。

海发菜有着跟野生发菜相似的形态，味道也同样美味，却不会像采集野生发菜那样对环境造成不可逆的破坏。大家一起来做一个食之有道的美食爱好者吧！

鲜美无比
时蔬海鲜汤

⏱ 40分钟 | 🥄 简单

主料

虾仁 30克 | 北豆腐 50克 | 金针菇 20克
豌豆苗 20克 | 鲜香菇 20克

辅料

姜 2克 | 蒜 5克 | 植物油 2茶匙
盐 1克 | 白胡椒粉 2克

做法

1 虾仁解冻后洗净并剔除虾线、豆腐洗净后切成2厘米左右的小块。

2 金针菇去根，洗净后撕成小缕；香菇洗净后切成薄片；豌豆苗洗净后沥干水分待用。

3 姜去皮，洗净后切成末；蒜去皮，洗净后切成末。

4 锅内加入植物油，烧至五成热时，下入姜末和蒜末爆香，下入香菇片，炒至其变软。

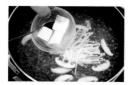

5 加入700毫升水，烧开后依次下入金针菇和北豆腐。

6 调小火，煮5分钟后下入豌豆苗。

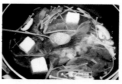

7 再次煮开后下入虾仁，煮1分钟后关火，调入盐和白胡椒粉拌匀即可。

--- 营养贴士 ---

虾仁中蛋白质含量很高，远高于肉、蛋、奶等，但同鱼肉、禽肉相比，虾仁中的脂肪含量却比较低，用来做汤不仅口感鲜美，还不会太油腻，作为三餐的补充非常合适。

--- 烹饪秘籍 ---

市售的虾仁一般都是冷冻虾仁，且都有比较厚的冰衣，解冻虾仁时应把虾仁全部浸泡在冷水中，也可以提前从冷冻室取出，放入冷藏室自然解冻。

简单的水煮方式，令虾肉保留了最原始的味道和口感，紧实的肉质让人忍不住多尝一口。没有什么比喝上一碗这样的汤更幸福的事情了。

家常快手汤
虾皮丝瓜汤

 20分钟 | 简单

虾皮虽小，却是提鲜的小法宝，用虾皮入汤，普通的蔬菜汤也能立刻变得鲜美起来。或者你厌倦了各种叶子菜，也可以尝试下用很嫩的丝瓜来煮汤，口感很是特别呢！

主料

丝瓜80克

辅料

虾皮5克 | 盐1克

做法

1 丝瓜洗净后削皮，切成滚刀块。

2 汤锅内加入700毫升水，烧开后下入丝瓜块、虾皮。

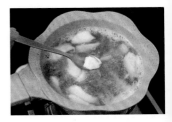

3 调成小火，继续煮5分钟后加入盐拌匀即可。

— 营养贴士 —

丝瓜富含B族维生素和维生素C，B族维生素可以保持皮肤的弹性，而维生素C是公认的美白维生素。

— 烹饪秘籍 —

富含水分的丝瓜一定要现切现做，以免营养流失，并且在烹饪前最好先尝一下，如果有苦味，说明丝瓜已经变质，不能再食用，如果误食会导致肠胃不适。

素食主义者的福利
腐竹青豆汤

⏱ 35分钟 | ♡ 简单

> 黄色的腐竹和绿色的青豆，反差的色彩搭配让这道汤格外醒目，纯素的搭配也让素食主义者无法拒绝！

主料
泡发腐竹80克 | 青豆50克

辅料
盐1克

做法

1 腐竹提前泡发，切段；青豆洗净后沥干水分。

2 锅内加入800毫升水，烧开后，下入青豆和腐竹。

3 烧开后调成小火，继续煮15分钟。

4 出锅前加入盐即可。

—— 营养贴士 ——

腐竹由豆浆浓缩制成，有着高蛋白低水分的特点，是钙质和蛋白质的优质食物来源，但整体的热量也比较高，食用时可以适当减少主食的量。

—— 烹饪秘籍 ——

泡发腐竹时应尽量使用凉水，提前浸泡3小时以上即可，如果用热水泡发，虽然会缩短泡发时间，但会令腐竹表层松散不成形，影响外观。

汤里开出了漂亮的花
西蓝花木耳腐皮汤

⏱ 25分钟 | ♡ 简单

主料

西蓝花 40 克 | 泡发木耳 20 克 | 豆腐皮 30 克

辅料

盐 1 克 | 香油 1 茶匙

做法

1 西蓝花洗净，切去花柄，用刀切成小朵。

2 木耳洗净，去根，切成丝；豆腐皮洗净后切成约 10 厘米长的细丝。

3 锅内加入 700 毫升水，烧开后下入西蓝花和木耳丝，煮开后调成小火。

4 煮 1 分钟后下入豆腐丝，再煮 1 分钟后加入盐并搅拌均匀。

5 盛出后淋入香油即可。

--- 烹饪秘籍 ---

1 西蓝花清洗前可以用淡盐水浸泡，可以有效驱除花心里的虫子。

2 尽量取西蓝花的花球部分，将比较硬的花茎都去除，这样更能保证汤的口感。

--- 营养贴士 ---

西蓝花富含维生素 C，营养成分比较全面，口感比普通的白色菜花要好很多，再加上烹调后仍能保持鲜亮的绿色，能够成为餐桌上一道漂亮的风景。

西蓝花仿佛漂亮的绿色花球，择下来的小朵
西蓝花像一棵棵挺拔的小树，而切成碎末的
西蓝花点缀在汤里，就像在碗中开出了绿色
小花。普通的一餐因此变得有趣起来。

开胃又过瘾
家常酸辣汤

⏱ 45分钟 | 🍴 中等

主料

豆腐皮 50 克｜鲜香菇 30 克｜泡发木耳 20 克
猪五花肉 50 克｜鸡蛋 2 个

辅料

小葱 3 克｜姜 2 克｜玉米淀粉 1 汤匙
料酒 1 汤匙｜醋 2 汤匙｜白胡椒粉 1 茶匙
辣椒油 1 茶匙｜盐 1 克｜植物油 1/2 茶匙

做法

1 猪五花肉切成肉末；小葱洗净后切成葱花；姜去皮，洗净后切成姜末待用。

2 豆腐皮洗净后切成10厘米的细丝；鲜香菇洗净后切薄片；泡发好的木耳洗净，切成丝。

3 鸡蛋打入碗中，用筷子拌匀成均匀的蛋液；玉米淀粉中加入1汤匙水，拌匀成水淀粉待用。

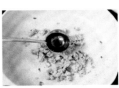

4 锅内加入植物油，烧至五成热时下入葱花和姜末爆香，再下入五花肉末，炒至变色后加入料酒炒匀。

5 加入800毫升水，煮开后下入香菇片、木耳丝，煮5分钟后下入豆腐皮丝。

6 再次煮开后调成小火，以画圈的方式倒入水淀粉勾芡。

7 拌匀后将蛋液以画圈的方式缓慢倒入，待蛋液凝固后拌匀。

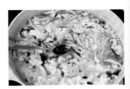

8 加入醋、白胡椒粉、盐并拌匀，出锅前淋入辣椒油即可。

--- 营养贴士 ---

香菇有特殊的香气，不仅味道鲜美，还富含B族维生素和多种微量元素，有"植物皇后"的美称。

--- 烹饪秘籍 ---

酸辣汤味道的精髓就是酸和辣，但难免家中有老人或者小孩不能吃辣，可以在煮汤时不放辣椒油，将汤盛出后，由每个人根据自己的口味来添加辣椒油。

酸辣汤大概是中国人餐桌上最常见的汤品了，食材的搭配不拘一格，也没有什么固定的模式，随着地域和季节，甚至是煮汤人的喜好而变化，但唯一不变的是酸和辣的味道，这对刺激味蕾的好搭档，将继续在汤里完成它们对食客的双重考验。

异国情调
西式蔬菜汤

⏱ 35分钟 | ♡ 简单

主料

洋葱 30 克 | 西芹 30 克 | 胡萝卜 30 克
圣女果 50 克

辅料

橄榄油 2 茶匙 | 蒜 2 克 | 盐 1 克
黑胡椒粉 1 克 | 欧芹碎适量

做法

1 洋葱、西芹、胡萝卜分别洗净后，切成 1 厘米见方的小丁。

2 圣女果去蒂，洗净后切成 4 等份；蒜去皮，洗净后切成蒜末。

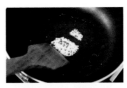

3 锅内加入橄榄油，烧至五成热时下入蒜末炒香。

4 依次加入洋葱丁、胡萝卜丁、西芹丁煸炒 1 分钟。

5 下入圣女果，调至小火，炒至圣女果变软、出汁。

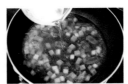

6 加入 700 毫升水，大火煮开后调成小火，继续煮 5 分钟。

7 调入盐、黑胡椒粉并搅拌均匀，出锅后撒入欧芹碎即可。

—— 营养贴士 ——

橄榄油富含单不饱和脂肪酸、多种维生素及抗氧化物，被誉为最有利人体健康的油脂。选用橄榄油做食用油，能有效减少饱和脂肪酸和胆固醇的摄入，起到降血脂的作用，还能降低高血压、冠心病、脂肪肝等富贵病的发生率。

—— 烹饪秘籍 ——

圣女果有粉色、红色、黄色等品种，煮这款汤时尽量选择颜色红一些的圣女果，这样可以保证汤品有漂亮的颜色。

洋葱在西餐里有着举足轻重的作用，它特殊的香气给各式西餐带来了强烈的味觉体验，而西式浓汤，也因为洋葱的加入而格外诱人，用它搭配西餐是再好不过的选择了！

清爽鲜香
粉丝蔬菜汤

⏱ 20分钟 | 🍴 简单

主料

泡发香菇 10 克 | 胡萝卜 30 克
青菜 20 克 | 泡发粉丝 30 克

辅料

白胡椒粉 1 克 | 盐 1 克 | 香油 1 茶匙

做法

1 将泡发好的香菇、粉丝
洗净，香菇切片，粉丝切成
10~15 厘米的段。

2 青菜、胡萝卜分别洗净
后，青菜斜切成段，胡萝卜对
半切开后再切片。

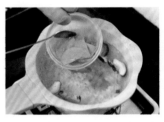

3 锅内加入 700 毫升水，大
火烧开后下入香菇和胡萝卜，
调至小火煮 2 分钟。

4 下入青菜和粉丝，继续煮
1 分钟后加入盐、白胡椒粉并
拌匀。

5 关火并淋入香油即可。

—— 营养贴士 ——

粉丝是由淀粉制成的，主要成分为碳水化合
物，在搭配食材时要注意尽量搭配富含膳食
纤维的蔬菜，确保营养摄入均衡。

—— 烹饪秘籍 ——

在购买粉丝时要注意查看成
分表，由绿豆制成的粉丝
品质最好，口感细腻，水
煮不易烂，在食用前用冷水
浸泡至柔软即可。

单纯的蔬菜汤口感未免寡淡，其实只要在食材上多花点心思，就能带来不一样的体验，粉丝的加入让蔬菜汤立马有了大餐的模样，用筷子夹起粉丝，一下子吸溜进嘴里的感觉也非常过瘾。

老食材新搭配
番茄土豆汤

⏱ 55分钟 ｜ ♡ 简单

主料	辅料
番茄半个（约50克）｜ 土豆半个（约70克） 玉米半根（约100克）	盐1克

做法

1 玉米洗净，去净玉米须，切成小段后，再一分为二。

2 土豆洗净，去皮后切成滚刀块；番茄洗净，切成小瓣。

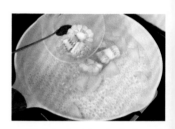

3 锅内加入800毫升水，煮开后下入土豆块和玉米段，再次煮开后调成小火，煮30分钟。

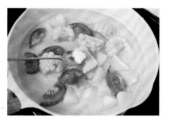

4 下入番茄，继续煮5分钟后关火，出锅前调入盐即可。

—— 烹饪秘籍 ——

土豆切好后就放入清水中浸泡，不仅可以防止其表面氧化变色，也可以浸泡掉部分淀粉，令煮熟的土豆口感更爽脆。

—— 营养贴士 ——

土豆富含淀粉、蛋白质及膳食纤维，非油炸的土豆热量很低，可以作为主食的一部分，起到减少热量摄入的作用。

番茄和土豆大概是每个家庭里最常备的食材了。大家都用番茄和土豆做什么菜？番茄只能配鸡蛋？土豆只能醋熘？放弃这些一成不变的想法吧，不知道用什么来做汤的时候，不妨试试这个新的思路。

熟悉的家常味
青菜榨菜汤

🕐 20分钟 | 😋 简单

榨菜曾经是人们餐桌上最常见的佐餐小菜，但随着生活水平的逐步提高，人们的菜篮子越来越丰富，榨菜也渐渐变得微不足道起来。但其实榨菜是非常适合煮汤的食材，它的咸鲜口感和爽脆质地会令普通的菜汤别添一番风味。

主料

青菜1棵（约50克）| 榨菜20克

辅料

姜末2克 | 植物油1茶匙
白胡椒粉1克

做法

1 青菜洗净，将叶子一瓣瓣择下，沿着叶柄从中间将其切成三份。

2 榨菜洗净后切成细丝待用。

3 炒锅内加入植物油，烧至五成热，下入姜末爆香，再下入榨菜丝翻炒半分钟。

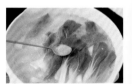

4 加入700毫升水，烧开后下入青菜，再次烧开后加入白胡椒粉拌匀即可。

— 营养贴士 —

榨菜的盐分比较高，属于高钠食物，不应食用过多；使用榨菜做配菜时，要减少盐量或者不放盐。

— 烹饪秘籍 —

榨菜清洗掉表面的杂质后可以在清水中浸泡半小时，以去除多余的盐分，因为榨菜本身属于高盐的食物，用其煮汤时可以不用再额外加入盐调味。

清润鲜美
冬瓜豆芽汤

 25分钟 | 简单

对于绿豆芽和冬瓜这样味道寡淡的蔬菜来说，炒菜也许并不是它们最好的归宿，而如果将其放入水中炖煮，将蔬菜特有的清香带到了汤里，便是这道汤清鲜口感的秘密。

主料
冬瓜 100 克 | 绿豆芽 80 克

辅料
盐 1 克 | 香菜 2 克

做法

  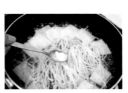 

1 冬瓜去皮、洗净，切成薄片；绿豆芽洗净，沥干水分；香菜洗净，切碎待用。

2 锅内加入 700 毫升水，烧开后下入冬瓜，煮开后再煮 2 分钟。

3 下入绿豆芽后再次煮开，加入盐，拌匀后关火。

4 盛出后撒入香菜碎即可。

营养贴士

冬瓜中的钾含量明显高于钠含量，是很好的高钾低钠蔬菜，非常适合高血压患者等需要控制钠摄入量的人群食用。

烹饪秘籍

在挑选冬瓜时要注意：对于整个的冬瓜，形态圆润、表皮光滑、白霜均匀完整的冬瓜品质较好；对于已经切开的冬瓜，要尽量选择瓜瓤厚度适中、分量足的，这样的冬瓜含水量大，口感较好。

健康低脂清汤
玉米粒冬瓜汤

🕐 25分钟 | 💭 简单

冬瓜富含水分，玉米口味清甜，看起来不怎么搭调的食材碰撞在一起，却带来了完全不同的味蕾感受，这应该是食物间擦出的火花吧。

主料
冬瓜 100 克 | 玉米粒 40 克

辅料
葱花 2 克 | 盐 1 克 | 白胡椒粉 1 克
香油 1/2 茶匙

做法

1 冬瓜去皮后洗净，切成小块。

2 锅内加入 700 毫升水，烧开后下入冬瓜块，继续煮 5 分钟。

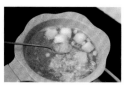

3 下入玉米粒，再煮 2 分钟后加入盐、白胡椒粉拌匀。

4 盛出后淋入香油，撒上葱花即可。

─── 营养贴士 ───

玉米的营养成分比较全面，含有人体所需的蛋白质、脂肪、糖类这三大营养物质，且富含维生素和膳食纤维，非常适合减脂期食用。

─── 烹饪秘籍 ───

尽量选择冷冻的原味玉米粒，罐头玉米粒中加有调料，会影响汤的味道。

第二章
清香营养的甜汤

活力100分
活力果蔬汁

⏱ 15分钟 | 👨‍🍳 简单

主料
橙子半个 | 梨半个 | 苹果半个 | 黄瓜1根

辅料
柠檬汁1茶匙 | 蜂蜜1茶匙

做法

1 橙子洗净、去皮,切成块;
梨、苹果去皮、去核后切成块。

2 黄瓜洗净后切块待用。

3 将所有果蔬块放入破壁
机,淋入柠檬汁、蜂蜜,加入
400毫升凉开水。

4 开启"果汁"程序,打成均
匀的果蔬汁即可。

—— 烹饪秘籍 ——

果蔬汁的配料可以根据季节和个人口味来选择,选择三四种即
可,蔬菜可以选择生熟皆可食用的种类,比如黄瓜、番茄、胡萝
卜、紫甘蓝、生菜等,并且一定要挑选足够新鲜的,存放时间过
长的蔬菜就不太适合直接生食了。

—— 营养贴士 ——

蜂蜜富含果糖和葡萄糖,蔗糖占比很少,此
外还含有多种维生素和微量元素,相比砂糖
来说,蜂蜜的营养价值更高,热量更低。

一日之计在于晨，在清晨的阳光中，把新鲜的果蔬放进机器，片刻之后，一杯无添加低热量的健康果蔬汁就完成了，喝过之后再出门，这一天都将会活力满满！

养颜甜汤
红糖陈皮莲子汤

 60分钟 | 简单

红糖自诞生之初就成为女性的专属滋补品，它红润的颜色、淡淡的果香，给各种甜汤带来甜蜜的同时，也增加了无限的风味。这一次，再试着放些陈皮，让这碗甜汤更加与众不同吧！

主料
莲子50克 | 陈皮2克

辅料
红糖10克

做法

1 莲子、陈皮提前泡发后洗净，沥干水分待用。

2 锅内加入1.5升水，放入陈皮，大火煮开。

3 下入莲子，再次煮开后调成小火，煮40分钟。

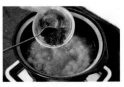

4 加入红糖，搅拌至其溶化并拌匀即可。

— 营养贴士 —

红糖没有经过提纯和精炼，使其保留了全部的甘蔗成分，在提供糖分的同时，也提供了大量的维生素和微量元素，其营养价值要高于普通的白砂糖。

— 烹饪秘籍 —

陈皮有比较浓的苦味，在入汤或做菜时要控制好用量，并且在使用前要通过浸泡、清洗、沸水煮等方式来脱除部分苦味。

甜蜜美容汤
蜜枣南瓜红莲汤

⏱ 50分钟 | ♡ 简单

爱美的女士大概都听说过"日食三颗枣，百岁不显老"的俗语，红枣在大家心目中的美容功效无须赘述。当然，配合合理饮食、适当锻炼，红枣中的营养一定会加倍起效。

主料

南瓜 120 克 | 红莲子 30 克
红枣 30 克

辅料

冰糖 5 克

做法

1 红莲子提前泡发，南瓜洗净、去皮后切块；红枣洗净，沥干水分待用。

2 锅内加入 1 升水，烧开后下入南瓜、红莲子、枣。

3 煮开后调成小火，继续煮30分钟后下入冰糖，搅拌至其溶化即可。

--- 营养贴士 ---

红枣号称"百果之王"，富含人体必需的多种维生素和氨基酸，其中维生素 C 的含量很高，对提高机体免疫力，促进肠胃蠕动、帮助消化都有着积极的作用。

--- 烹饪秘籍 ---

枣的种类很多，大小的差别也很大，这道汤用到的枣量不多，在煮的时候可以选择个头小一些的品种，这样煮好的汤卖相会比较好看。

水果的花样吃法
莲子水果甜汤

⏱ 30分钟 ┃ 🍳 简单

主料

莲子20克 ┃ 苹果60克 ┃ 木瓜50克
猕猴桃40克

辅料

冰糖20克 ┃ 葡萄干5克

做法

1 莲子提前泡发，葡萄干清洗
干净后沥干水分待用。

2 苹果、木瓜去皮、去核后
切成小丁，猕猴桃去皮后切成
小丁。

3 锅内加入800毫升水，放
入莲子和冰糖，大火煮开后调
成小火，继续煮20分钟至莲
子煮熟。

4 下入水果丁和葡萄干，再煮
1分钟即可。

—— 烹饪秘籍 ——

削皮后的苹果暴露在空气中很快就会氧化变黑，
影响成品的外观和口感，所以在制作时，应准
备好所有材料后，再对苹果削皮、切丁，做到随
用随做。

—— 营养贴士 ——

苹果是一种热量很低的水果，且含有丰富的
水溶性维生素和果胶等营养物质，极易被人
体吸收，不仅是美容佳品，也是助消化、健
脾胃的佳果。

莲子，一直是中式甜汤里的常客，这一次，它将和各色水果相遇。香甜多汁的水果丁遇上圆润软糯的莲子，全新的尝试会带来不一样的体验吗？

红润你的气色
银耳桂圆汤

🕐 70分钟 | 💭 简单

主料

干银耳8克 | 桂圆干20克 | 枸杞子5克

辅料

冰糖5克

做法

1 银耳提前泡发，泡发后用手撕成小朵。

2 桂圆干去皮、去核后洗净，沥干水分；枸杞子洗净待用。

3 锅内放入1.5升水，放入银耳、桂圆、冰糖，大火烧开。

4 盖上锅盖，调成小火继续煮40分钟。

5 下入枸杞子，继续煮5分钟即可。

— 营养贴士 —

桂圆中除了含有丰富的蔗糖、葡萄糖外，还含有丰富的蛋白质、维生素和矿物质，但因为含糖量较高，不宜过多食用。

— 烹饪秘籍 —

购买桂圆干时，可以选择整颗的，也可以选择已经去核的。品质好的桂圆干应肉质红亮，颜色均匀，干而不硬，用手捏起来仍有弹性，不粘手，易于和果核分离。

银耳和桂圆是一对煮汤好搭档，银耳让汤水黏稠，桂圆给汤水带来甜味，在小火慢炖的过程中，所有的营养物质都被激发出来，浓缩在那一碗汤中，喝下去的每一口都是精华。

甜蜜好滋味
蜂蜜红薯银耳羹

⏱65分钟 | ♡简单

主料　　　　　　　　　　　　　辅料
红心红薯80克 | 泡发银耳40克　　蜂蜜2茶匙

做法

1 红薯洗净后去皮，切成小块。

2 泡发好的银耳洗净，用手撕成小朵。

3 锅内加入1升水，放入银耳，大火煮开后调成小火，继续煮20分钟。

4 放入红薯块，再次煮开后继续煮20分钟，关火，淋入蜂蜜并拌匀即可。

—— 烹饪秘籍 ——

蜂蜜需要储存在避光阴凉的地方，开封后的蜂蜜最好放入冰箱冷藏保存，每次取用蜂蜜时使用干净、无油无水的工具，也可以在蜂蜜中放入一片擦干水分的生姜片，这样可以让蜂蜜保存得更久，也不会串味。

—— 营养贴士 ——

红薯含有丰富的碳水化合物、蛋白质和胡萝卜素，且几乎不含脂肪，再加上富含膳食纤维，食用后会有很强的饱腹感，是非常健康的减肥食品，能够替代大米白面等"精粮"。

红薯和蜂蜜都是带有天然甜味的食材，营养也非常丰富，用它们煮汤便可以不再加糖，这样煮出来的汤不仅美味，热量也更少、更健康，爱美的你还不快来尝一尝？

清润止咳
金橘柠檬雪耳汤

🕐 60分钟 | ♡ 简单

主料
金橘 40 克 | 柠檬 5 克 | 泡发银耳 30 克

辅料
黄冰糖 2 克

做法

1 金橘洗净，每个切分成四瓣；柠檬洗净后切薄片。

2 泡发好的银耳洗净后用手撕成小朵。

3 锅里加入1升水，放入银耳，大火煮开。

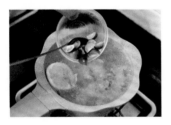

4 调成小火，下入金橘和柠檬，继续煮30分钟。

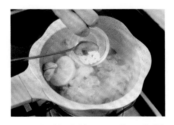

5 下入黄冰糖后再煮5分钟至其溶化即可。

—— 营养贴士 ——

金橘中的维生素C含量远超过其他柑橘类水果，维生素C是人体必需的维生素，且不能由人体自身合成，需要通过食物来补充。

—— 烹饪秘籍 ——

1 金橘需要连皮一起食用，所以在煮汤前一定要清洗干净，可以用淡盐水浸泡30分钟。
2 将金橘切分成四瓣后，可以将其中的子去除，以免煮汤时散落在汤中，影响口感。

在琳琅满目的水果中，需要连皮一起吃的金橘是非常独特的存在。它甘甜的果汁和果皮中的特殊香气让吃过的人唇齿留香。用酸爽的柠檬片提味，让这碗汤的味道更加丰富。同家人一起分享这美味吧。

秋天的味道
百合银耳雪梨汤

⏱ 55分钟 | ♡ 简单

主料
梨1个 | 鲜百合40克 | 干银耳8克

辅料
冰糖5克

做法

1 银耳提前泡发后洗净，用手撕成小朵；百合洗净，掰成一瓣一瓣的。

2 梨洗净后削皮、去核，切成1厘米见方的小丁。

3 锅内加入1升水，放入银耳，煮沸后调小火，继续煮20分钟至银耳软糯。

4 加入梨、百合，继续煮10分钟。

5 加入冰糖，煮至冰糖溶化后即可。

—— 营养贴士 ——

银耳泡发率很高，泡发后的银耳富含水分，有很好的通便作用，对于缓解秋燥所带来的肠胃不适有一定的积极作用。

—— 烹饪秘籍 ——

1 泡发的银耳为纯白至乳白色，呈半透明状。干银耳是金黄色的，品质越好的银耳晒干后颜色越深。如果干银耳就呈现雪白的颜色，有可能是硫磺熏制过的，挑选时可以闻一下是否有酸、臭等刺鼻的气味，或者掰一小块尝尝是否有刺激感。

2 选购鲜百合时要挑选颜色白、个头大的，鳞片大小均匀且肉质厚实的百合品质较好。

秋天是瓜果丰收的季节，可供选择的水果非常多，但由于气候原因，秋天也是一个很干燥的季节，这时候来一碗用时令水果煮成的甜汤，就是最好的补水方式。

润肺解渴
川贝雪梨汤

⏱ 45分钟 | 😊 简单

川贝和雪梨，一个是中药，一个是水果，看起来似乎风马牛不相及，但在厨师的手中却变成了绝配。在文火慢炖中，两者的精华渗入汤中，再佐以冰糖提味，香甜可口又功效十足的润肺汤便煮好啦！

主料
梨 150 克 | 川贝 5 克

辅料
冰糖 5 克

做法

1 梨洗净，去皮、去核，切成小块；川贝洗净后待用。

2 锅内加入 800 毫升水，煮沸后加入梨、川贝，大火煮开。

3 调成小火，继续煮20分钟后加入冰糖，继续煮至冰糖溶化并拌匀即可。

--- 营养贴士 ---

梨口感清甜，不仅富含水分和膳食纤维，还含有多种维生素和微量元素，能有效缓解因上呼吸道感染引起的咽喉痒痛等症状，再加上其热量较低，也是非常好的减脂食材。

--- 烹饪秘籍 ---

梨是水分含量很大的水果，不新鲜或者失水过多的梨非常影响口感，所以要选择表皮光滑、果肉按上去结实、掂起来有分量的，这样的梨品质和口感比较好。

活力早餐
薏米红豆浆

⏱ 45分钟 | 🥄 简单

加了红豆的豆浆会呈现漂亮的红宝石色，让人看到便食欲大增。在微雨的早晨，没有什么比一杯暖暖的热豆浆更能驱走周围的湿冷了，搭配上你喜欢的主食，就是最有温度的早餐了。

主料

薏米 40 克 | 红豆 50 克

做法

1　薏米、红豆提前浸泡2小时。

2　将泡好的薏米和红豆放入破壁机后，再加入900毫升水。

3　启动"米糊"模式即可。

— 营养贴士 —

红豆富含膳食纤维及皂角苷，能够刺激肠道，帮助肠胃蠕动，起到促进消化的作用。红豆可以作为主食，也可以搭配其他食材食用。

— 烹饪秘籍 —

这里使用的是带加热功能的破壁机，制作的豆浆可以直接饮用，如果是不带加热功能的破壁机，在打成豆浆后还需要倒入锅内，煮沸后才能食用。

独特的芳香
玫瑰双红汤

 60分钟 | 简单

玫瑰的香味会令人想起甜蜜的爱情。曾经的风花雪月，在岁月里变成了家长里短，但这不应该成为彼此疏远的借口，和他吃的每一餐都应该是愉快而美好的。不如就用这碗玫瑰甜汤来唤醒曾经的记忆吧！

主料

红莲子 30 克 | 红枣 50 克 | 玫瑰花 5 克

做法

1 红莲子提前浸泡2小时后洗净，红枣洗净后对半切开并去核。

2 锅里加入1升水，下入红莲子，烧开后调成小火，继续煮20分钟。

3 下入红枣，再煮10分钟后下入玫瑰花。

4 继续煮2分钟即可。

——— 营养贴士 ———

红、白莲子的营养成分相差无几，都含有人体必需的蛋白质、碳水化合物及多种矿物质，但因红莲子仍留有果皮，所以不易煮烂。

——— 烹饪秘籍 ———

可食用的玫瑰花品种为重瓣玫瑰，其中的色素对温度比较敏感，在煮汤时温度不宜太高，也不能煮得时间过长，这样会导致其褪色。

清新荷叶香
荷叶绿豆甜汤

⏱ 50分钟 | 🥄 简单

喝完甜甜的汤，再吃煮得软烂的豆子，这就是童年里最美好的夏天记忆了吧。这次不如试试这款添加了荷叶的绿豆汤吧，一定会给你带来全新的体验。

主料

绿豆 50 克 | 荷叶 20 克

辅料

冰糖 5 克

做法

1 荷叶洗去表面尘土，用手撕成小块。

2 锅内加入 1 升水，放入绿豆和荷叶，大火煮开。

3 调成小火，继续煮30分钟至绿豆煮熟。

4 关火后加入冰糖，搅拌至其溶化即可。

— 营养贴士 —

绿豆内的蛋白质、磷脂能有效促进食欲，绿豆皮中更是含有 21 种微量元素，非常适合在炎热的夏天食用。

— 烹饪秘籍 —

煮绿豆汤时要避免使用铁锅，绿豆中的类黄酮遇到铁锅中的铁离子会导致绿豆汤变色，也会影响其营养成分。

甜甜的，脆脆的
花生马蹄汤

🕐 60分钟 | 😋 简单

主料
花生仁40克 | 荸荠80克

辅料
枸杞子5克

做法

1 花生仁洗净后沥干水分；枸杞子洗净后沥干水分。

2 荸荠洗净后削皮，切成片待用。

3 锅内加入1升水，烧开后下入花生仁，调成小火，继续煮20分钟。

4 下入荸荠后再煮10分钟，下入枸杞子。

5 拌匀后再煮2分钟即可。

—— 营养贴士 ——

荸荠的磷含量很高，有利于骨骼和牙齿的发育。荸荠中的荸荠素对金黄色葡萄球菌、大肠杆菌及绿脓杆菌有一定的抑制作用。

—— 烹饪秘籍 ——

1 荸荠的季节性很强，且又生长在泥土中，在挑选时要擦亮眼睛，选择个大、皮薄，芽短，手感较硬，表皮紫黑微透着红色，背面中心处没有开裂、腐烂、黑洞的荸荠。
2 新鲜的荸荠果肉洁白，如果果肉变成黄色，说明已经不新鲜了，不要再食用。

煮过的花生仁变得饱满浑圆，圆滚滚的样子看起来可爱极了，让人回想起儿歌"麻屋子，红帐子，里面住个白胖子"。现在，"白胖子"静静地躺在那里，等着你去品尝，这样的美味谁又能拒绝呢？

香浓醇厚
牛乳黑豆浆

⏱ 60分钟 | 🥄 简单

喝牛奶还是喝豆浆？这大概是一个没有答案的问题。其实不必非要二选一，两者结合倒不失为一个完美的解决方案。

主料
黑豆 80 克 | 牛奶 200 毫升

辅料
红枣 20 克

做法

1 黑豆洗净后放入清水中浸泡 30 分钟。

2 红枣洗净后对半切开，去核待用。

3 将黑豆、红枣放入破壁机，倒入牛奶，再加入 800 毫升水。

4 启动"豆浆"模式，打成均匀的豆浆即可。

营养贴士

黑豆中富含蛋白质，是优质的植物蛋白来源。黑豆还富含不饱和脂肪酸，不仅易于被人体吸收，也能降低因摄入过多饱和脂肪酸而导致的心血管疾病的风险。

烹饪秘籍

市售的盒装牛奶已经过消毒，可以直接饮用，如果购买的是生牛奶，一定要煮沸后再跟黑豆混合。没有加热功能的破壁机，还要在豆浆打好后再次加热煮沸后才能食用。

元气果汁
椰奶木瓜汁

⏱ 10分钟 | ♡ 简单

椰奶有着椰子的独特香味，木瓜有着漂亮的颜色，两者结合，就有了这份口味独特又赏心悦目的果汁，早餐的时候喝上一杯，来开启活力满满的一天吧！

主料

木瓜 200克 | 椰浆 100毫升
牛奶 250毫升

辅料

柠檬汁 1茶匙

── 营养贴士 ──

木瓜富含维生素和膳食纤维，能够有效促进消化，清理肠胃，有良好的通便作用。除了日常作为水果食用外，也可以作为配菜，为菜肴增添色泽和口感。

做法

1 木瓜洗净，去皮、去子，切成小块。

2 将木瓜块放入料理机，加入椰浆、牛奶、柠檬汁，再加入200毫升凉开水。

3 开启料理机，打成均匀的果汁即可。

── 烹饪秘籍 ──

1 成熟的木瓜不易存放，所以在选购时应挑选颜色偏青、未完全变黄的木瓜，在室温下存放一两天后再食用。

2 木瓜是一种热带水果，比较怕冷，冰箱内外的温差会在木瓜表面形成冷凝水，导致出现黑斑，影响品质和口感，所以不建议放入冰箱储存。

热带风情
香茅椰奶芒果甜汤

⏱20分钟 | ♡简单

主料
椰奶300毫升 | 芒果200克

辅料
香茅1根 | 白砂糖2茶匙

做法

1 芒果去皮、去核后切小丁。

2 香茅洗净，沥干水分，切细丝。

3 锅内倒入椰奶，再加入300毫升水，大火煮开后加入白砂糖和香茅丝并拌匀。

4 下入芒果丁，略煮半分钟左右，关火，待冷却后再饮用。

—— 烹饪秘籍 ——

1 芒果比较容易引起过敏，在口唇等接触到芒果汁水的地方出现接触性皮疹，所以过敏体质的人要格外留意，不要食用没有熟透的芒果，尽可能将芒果切成小块再吃，吃完后也要及时清洗干净。

2 如果对芒果有比较严重的过敏反应，可以将其替换成桃子、火龙果、哈密瓜等水果。

—— 营养贴士 ——

芒果被称为"热带水果之王"，维生素A和维生素C的含量非常丰富，虽然甜度较高，但整体的热量却较低，是营养健康的水果。

香草带来的柠檬香气比桂花要持久更多，
如不喜欢就撇去汤面过早样发酵，尝试让这碗
水果甜汤而香气更加诱人，喝一口都有着让
人惊喜的味道体验。

甜蜜下午茶
水果西米露

⏱ 40分钟 | 🥄 简单

主料
西米50克 | 牛奶300毫升 | 椰汁150毫升

辅料
草莓5颗 | 芒果30克 | 蓝莓10克 | 白砂糖10克

做法

1 草莓洗净，去蒂后切成四瓣；芒果洗净，去皮、去核后切成丁；蓝莓洗净，沥干水分待用。

2 锅内加入1.5升水，烧开后调成小火，下入西米，边煮边搅拌。

3 煮10分钟左右至西米呈半透明状态，关火，加入白砂糖后盖上锅盖，闷5分钟。

4 将煮好的西米捞出，用冷水多次冲洗后沥干水分待用。

5 将牛奶倒入合适的容器，加入椰汁并拌匀，加入冲洗好的西米，搅拌均匀。

6 将切好的水果块均匀铺在上面即可。

— 营养贴士 —

蓝莓富含花青素，能够有效缓解视疲劳，对视力有一定的改善作用，特别是花青素还有很强的抗氧化作用，非常适合儿童和女士经常食用。

— 烹饪秘籍 —

如果喜欢冰凉的口感，可以使用冷藏过的牛奶和椰汁，也可以在加入西米后，将牛奶西米混合物放入冰箱冷藏2小时后再食用。

加了西米的甜品，吃起来会格外顺滑，一粒粒透明的西米仿佛汤水中的小精灵，根据搭配食材的不同而变换着不一样的色彩。在清闲的午后，约上三五好友，赴一场甜蜜的约会吧！

每天一碗苹果汤
陈皮苹果汤

🕐 75分钟 | 😋 简单

主料
苹果200克 | 泡发银耳20克

辅料
陈皮2克 | 枸杞子5克

做法

1 将泡发好的银耳洗净后用手撕成小朵，陈皮洗净后泡软。

2 苹果去皮、去核后切成小块；枸杞子冲洗干净，沥干水分待用。

3 砂锅内加入1升清水，放入陈皮和银耳，大火煮开后继续煮20分钟至银耳软糯。

4 放入苹果块，继续煮15分钟。

5 下入枸杞子，再煮5分钟后关火，盖上锅盖，闷10分钟即可。

--- 营养贴士 ---

枸杞子富含胡萝卜素和叶黄素，不仅对改善夜盲症有很好的作用，也是天然的食用色素，能让菜品呈现出漂亮的色泽。

--- 烹饪秘籍 ---

陈皮虽然是干制品，但仍应注意保存环境，高温高湿的环境会令陈皮出现返潮、霉变等情况，日常家用时不要一次购买太多，没有用完的陈皮也应储存在密封的容器中，放在阴凉干燥处保存，并定期检查。

人们常说"一天一苹果，医生远离我"，足可见常吃苹果对身体的好处。除了直接吃，苹果的吃法其实还有很多，可以榨汁、做甜点，也可以做一碗温暖的甜汤，将全部的营养统统喝下。

最爱的夏季饮品
解暑酸梅汤

⏱70分钟 | 💬简单

主料

乌梅干 50 克 | 陈皮 7 克 | 甘草 8 克
洛神花干 5 克 | 桑葚干 3 克 | 薄荷干 8 克
干山楂片 15 克

辅料

冰糖 40 克

做法

1 将所有原材料洗去表面尘土并沥干。

2 锅里加入 3 升水，将除冰糖外的所有原料放入锅内，大火煮开后调成小火，继续煮40 分钟。

3 放入冰糖，继续再煮 10分钟。

4 将煮好的酸梅汤过滤掉原材料，待冷却后放入冰箱，冷藏12 小时后即可饮用。

—— 烹饪秘籍 ——

1 煮酸梅汤的时候不要使用铁锅，原材料中的酸性物质会跟铁起反应，可以使用砂锅或者搪瓷锅。
2 冰糖的量可以根据自己的口味适当增减，但最好不要超过 50 克，以免摄入热量过多。

—— 营养贴士 ——

乌梅的酸味来自其含有丰富的有机酸，能有效促进唾液的分泌，起到生津止渴的作用。它的酸味还能促进消化，很适合在炎热的夏天食用。

酸梅汤酸甜可口，能促进消化，增进食欲，特别是冰镇过后的酸梅汤，在酷暑难耐的时候来上一杯，简直是人间美味啊！

活力果蔬，补充维生素
橙香胡萝卜汁

⏱ 15分钟 | 🥄 简单

水果和蔬菜一直是补充维生素的最佳食材，水果提供了糖分和水分，蔬菜则带来了更多的营养，当它们相遇，便有了一加一大于二的效果。这样集颜值与效果于一身的果蔬汁，做起来也是超级简单呢！

主料

脐橙 100 克 | 胡萝卜 50 克
苹果 100 克

辅料

柠檬汁 1 茶匙

做法

1 脐橙剥皮，切成小块；胡萝卜洗净、去皮，切成小丁；苹果去皮、去核后切成小丁。

2 将所有果蔬块放入破壁机，加入柠檬汁和 300 毫升凉开水。

3 启"果汁"程序，打成均匀的果蔬汁即可。

—— 营养贴士 ——

苹果富含果糖、葡萄糖、多种维生素及矿物质，特别是维生素 C 的含量很高，能够有效抗氧化，再加上果胶这种可溶性膳食纤维，有助于降低血压和血糖，对保持身体健康有着积极的作用。

—— 烹饪秘籍 ——

柠檬汁可以有效防止果蔬汁氧化变色，可以用现成的柠檬汁，也可以用新鲜柠檬榨汁使用。

丹桂飘香
桂花莲藕红糖水

⏱ 45分钟 | 🥄 简单

桂花盛开的时节，花香随着微风传遍大街小巷，让漫步其中的人流连忘返。干桂花的出现，让桂花香不再只属于春天。只需一碗甜汤，任何季节你都可以在家里重现花香弥漫的盛景。

主料

莲藕 150 克 | 红枣 10 颗 | 枸杞子 10 克

辅料

干桂花 1 茶匙 | 红糖 15 克

做法

1 莲藕洗净后去皮，切成小丁。

2 红枣、枸杞子分别洗净后沥干水分。

3 锅内加入 1 升水，放入所有原料，大火烧开。

4 调至小火，继续煮30分钟即可。

─── 营养贴士 ───

桂花香气宜人，富含多种芳香物质，用其入菜能给菜肴增香填色，促进食欲。

─── 烹饪秘籍 ───

干桂花由新鲜桂花风干制成，高品质的干桂花应是花瓣完整、色泽明亮、干燥度高的，并且闻起来没有什么异味的，那些颜色暗沉、花瓣疲软的可能存放时间过长已经不新鲜了，在选购时要格外注意。

清爽一夏
清凉荷叶瓜皮汤

 50分钟 | 简单

什么？西瓜皮还能吃？没错！西瓜全身都是宝，瓜瓤甜蜜多汁，是非常美味的消暑水果，而洗净的瓜皮不仅能入菜，如做成可口的凉拌小菜，也能煮汤，瓜皮的爽脆口感一定会给你带来全新的感受。

主料

西瓜皮 100克 | 干荷叶半张

辅料

盐1克 | 薄荷叶适量

做法

1 西瓜皮削去外皮、瓜瓤，切片。

2 干荷叶洗净，放入冷水中浸泡20分钟，泡软后切成片。

3 锅内加入800毫升清水，烧开后放入瓜皮、荷叶，大火煮开。

4 调成小火继续煮15分钟，放入薄荷叶，再煮5分钟后调入盐，拌匀即可。

—— 营养贴士 ——

西瓜皮中富含瓜氨酸，有非常好的利尿作用，在炎热的夏天食用，不仅能消暑解渴，还能有效促进身体的新陈代谢。

—— 烹饪秘籍 ——

在处理西瓜皮的时候，可以保留一部分紧挨着瓜皮的红色瓜瓤，这样的瓜皮有红有绿，颜色非常好看，做出来的菜品也会非常漂亮。

浓浓果仁香
核桃花生甜汤

⏱ 40分钟 | ♡ 简单

每到核桃上市的季节，鲜嫩甜美的新鲜核桃总是让人吃起来就停不下来。但煮甜汤时，却是晒干的核桃味道更好。浓郁的核桃味渐渐融入汤里，远远就能闻到果仁香气，这才是最好吃的核桃！

主料
核桃仁 70 克 | 花生仁 50 克

辅料
冰糖 5 克

做法

1 核桃仁和花生仁洗净，沥干水分待用。

2 锅内加入 1 升水，煮开后下入花生仁和核桃仁。

3 调成小火，保持沸腾状态继续煮 20 分钟。

4 下入冰糖，煮至冰糖溶化并拌匀即可。

--- 营养贴士 ---

花生仁富含蛋白质、脂肪、多种维生素及矿物质，特别是含有人体所需的 8 种氨基酸及不饱和脂肪酸，能够有效促进脑细胞的发育，对儿童的生长发育很有益处。

--- 烹饪秘籍 ---

晒干的核桃仁表皮会有苦涩的味道，可以在煮汤前用清水多次浸泡，待表皮颜色变浅、泡核桃的水变清后再煮汤，可以减少苦涩味道。

广式糖水
薏米芋圆甜汤

⏱ 120分钟 | 🥄简单

主料
薏米30克 | 三色芋圆100克

辅料
冰糖20克

做法

1 薏米淘净后放入水中浸泡30分钟。

2 锅中加入1升清水，烧开后下入芋圆，用小火煮3分钟至芋圆全部浮起。

3 将煮好的芋圆捞出，放入冷水中冷却后捞出，并沥干水分。

4 另取一锅，加入1升清水，大火烧开后下入薏米，调成小火继续煮30分钟。

5 下入冰糖并搅拌均匀后关火，冷却至温热状态。

6 将煮熟的芋圆放入碗内，浇上煮好的薏米糖水即可。

— 营养贴士 —

薏米中的淀粉非常易于被人体吸收，对于肠胃功能较弱的老人和孩童来说，能有效减轻肠胃负担。薏米还富含钙、镁、锌等矿物质及维生素E，对于延缓皮肤衰老、减少皱纹都有不错的效果。

— 烹饪秘籍 —

1 煮芋圆时一定要加入足量的水，并且在水开后要不停地搅拌，以免芋圆粘锅煳底。
2 也可以自己动手制作芋圆，芋头、紫薯和红薯去皮蒸熟后，分别和木薯粉以2∶1的比例混合，再酌情加入清水，直到能揉成光滑完整的面团即可。

广式甜汤种类多样，而芋圆就是其中很典型的代表，用三色芋圆入汤，不仅颜色更加丰富，口感也非常棒。这样一碗色彩斑斓的甜汤，看起来就会令人心情愉悦！

专属你的美容汤
蜜枣香芋汤

 50分钟 | 简单

白色芋头和红色的蜜枣，这样的颜色反差带来了视觉上的冲击。没什么味道的芋头和甜腻的蜜枣，这样的组合也让这碗汤的味道更得人心。

主料

芋头 150 克 | 红枣 30 克

辅料

冰糖 10 克

做法

1 芋头去皮，洗净后切成小块；红枣对半切开，去核待用。

2 锅内加入1升水，烧开后下入芋头和红枣。

3 调成小火，继续煮30分钟至芋头熟透。

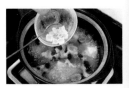

4 加入冰糖，搅拌至其溶化即可。

--- 营养贴士 ---

芋头的营养丰富，富含碳水化合物、多种矿物质及维生素，既可以当主食，也可以作为配菜。但因为其淀粉含量较高，且不易消化，每次食用不宜过多，以免引起腹胀等不适症状。

--- 烹饪秘籍 ---

芋头的黏液对皮肤有刺激作用，会引起皮肤瘙痒，如果需要生剥芋头皮，最好戴上手套。

第三章
滋味浓郁的肉汤

清爽不油腻
芡实瘦肉汤

⏱ 70分钟 | 😋 简单

主料
猪里脊 100 克 | 芡实 10 克

辅料
姜 5 克 | 料酒 1 汤匙 | 盐 2 克

做法

1 芡实洗净后用水浸泡2小时。

2 猪里脊洗净、切片，姜去皮后切片。

3 锅内加入水，烧开后下入里脊片，焯水1分钟后捞出。

4 另起一锅，加入1.5升水，大火烧开后下入芡实。

5 再次煮沸后调成小火，煮30分钟后加入焯好的肉片、姜片，淋入料酒，继续煮20分钟。

6 出锅前加入盐，搅拌均匀即可。

—— 营养贴士 ——

芡实含有丰富的淀粉，可以为身体补充能量，也可以部分替换日常的主食，在提供热量的同时也能补充维生素。

—— 烹饪秘籍 ——

虽然肉片提前焯过水，但在煮汤的过程中仍然会煮出浮沫，在下入肉片后，要注意观察汤的状态，将浮沫撇掉，这样煮出来的汤会有比较好的口感和卖相。

芡实煮汤，除了让汤品的营养更加丰富，也增加了品尝时的嚼头，更令肉香回味无穷。喝一碗热汤，吃一餐美味，人生的幸福也莫过于此了！

低热量餐前汤
茶树菇肉丝汤

⏱60分钟 | 🥄简单

主料

干茶树菇20克 | 猪里脊150克 | 干木耳5克

辅料

姜片5克 | 盐2克 | 白胡椒粉1克 | 料酒1汤匙

做法

1 茶树菇提前泡发，剪去根部，洗净并沥干水分。

2 木耳提前泡发，洗净，去根后切成细丝。

3 猪里脊洗去血水后切成细丝，放入碗中，加入料酒和白胡椒粉，用手抓匀后腌制15分钟。

4 锅内加入800毫升水，大火烧开后，依次下入茶树菇、猪肉丝、木耳丝和姜片。

5 再次煮开后调成小火，继续煮20分钟后，调入盐拌匀即可。

--- 营养贴士 ---

茶树菇的蛋白质含量很高，并且含有丰富的B族维生素，而B族维生素又是人体所必需的重要维生素，它不仅参与身体的日常代谢，也能很好地舒缓情绪。

--- 烹饪秘籍 ---

随着生活水平的提高，现在也能轻易购买到新鲜的茶树菇了。新鲜茶树菇吃起来比较方便，但也要现买现吃，不宜过久存放。而干茶树菇一定要装入密封袋中，放在阴凉、通风的地方，以免受潮变质。

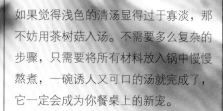

如果觉得浅色的清汤显得过于寡淡，那不妨用茶树菇入汤。不需要多么复杂的步骤，只需要将所有材料放入锅中慢慢熬煮，一碗诱人又可口的汤就完成了，它一定会成为你餐桌上的新宠。

快手家常汤
木耳丝瓜肉片汤

⏱ 45分钟 | 🍳 简单

主料

丝瓜 100 克 | 猪里脊 100 克 | 泡发木耳 50 克

辅料

蒜末 5 克 | 姜末 2 克 | 料酒 2 茶匙
植物油 2 茶匙 | 生抽 1 汤匙 | 盐 1 克

做法

1 猪里脊洗净后切片，放入碗中，加入料酒并拌匀，腌制10分钟。

2 丝瓜去皮后切成薄片；木耳洗净，去根后撕成小朵。

3 炒锅内加入植物油，烧至五成热时下入蒜末、姜末，炒出香味。

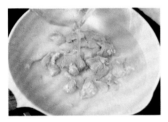

4 下入里脊片，翻炒至变色后加入700毫升水，大火烧开。

5 下入丝瓜片和木耳，调成小火，继续煮10分钟后加入生抽和盐拌匀即可。

— 营养贴士 —

丝瓜中富含B族维生素和维生素C，可以有效防止因维生素缺乏导致的皮肤干燥、免疫力低下等问题。

— 烹饪秘籍 —

丝瓜在烹饪前最好先尝一下，如果有苦味，说明丝瓜已经变质，不能再食用，如果误食会导致肠胃不适，对神经系统有一定的损害。

每天下班回家，卸去一身的疲惫，你一定想用最快的速度吃上热气腾腾的饭菜。煮一锅有肉有菜的汤并非难事，如果时间充裕，炒上一两个小菜便是完美的一餐。如果实在想偷懒，那就下上一把面入汤，也不失为一顿方便快捷的晚餐嘛！

爽口餐前汤
木耳里脊榨菜汤

 35分钟 | 简单

木耳、肉丝、榨菜，都是再普通不过的食材，但在高温的催化下，榨菜释放盐分，肉丝带来鲜美，木耳又恰到好处地起了点缀的作用，一碗平凡却并不平淡的汤便呈现在大家面前。谁说家常菜就只能索然无味呢？

主料

猪里脊 60 克 | 西葫芦 100 克
泡发木耳 30 克 | 榨菜丝 10 克

辅料

料酒 1 汤匙 | 白胡椒粉 1 克

做法

1 猪里脊洗净，擦干水分，切片，放入碗中，加入料酒和白胡椒粉，用手抓匀，腌制15分钟。

2 西葫芦洗净后切片；木耳洗净，去根后用手撕成小朵。

3 锅内加入 700 毫升水，烧开后依次放入所有原材料。

4 调成小火，继续煮5 分钟即可。

— 营养贴士 —

猪肉中的蛋白质含量虽不及其他畜肉，且脂肪含量高，但能提供与儿童生长发育有着密切关系的脂肪酸，并且猪肉富含B族维生素、血红素及促进铁吸收的半胱氨酸，是很好的补铁食物。

— 烹饪秘籍 —

新鲜的猪肉应是颜色鲜红、有光泽的，用手按压后能恢复原状，有弹性，闻起来略有腥味，没有血水渗出。

经典名汤

四物汤

⏱ 120分钟 | 🍴 简单

"四物"最早出现在唐代的医学典籍里，流传至今。四物汤早已成为汤界的知名汤品之一，不管是否有如书中所述的功效，熟地、当归、白芍和川芎的加入，让肉汤不再只有腥味和油腻，反而多了一份特殊的香气。

主料

猪大排250克 | 红枣50克

辅料

熟地2克 | 当归2克 | 白芍2克
川芎2克 | 盐2克

做法

1 猪大排洗净，斩成大块，放入沸水中焯水1分钟后捞出，沥干水分待用。

2 熟地、当归、白芍、川芎分别洗净，红枣洗净待用。

3 在砂锅中放入2.5升清水，放入除盐外的所有原材料，大火煮开。

4 调成小火，盖上锅盖，继续煮1.5小时后调入盐并拌匀即可。

—— 营养贴士 ——

猪大骨不仅富含蛋白质、脂肪、维生素，还含有大量的磷酸钙、骨胶原、骨黏蛋白，味道鲜美，在补充能量的同时也能补钙。

—— 烹饪秘籍 ——

像熟地、当归、白芍、川芎这样的中药材，因为加工、运输和储存的原因，药材表面会附着很多的尘土和杂质，在烹饪前一定要清洗干净，可以用热水稍微浸泡10~15分钟，再用流动的水冲洗干净即可。

妈妈做的骨头汤
海带排骨汤

⏱75分钟 | 🥄简单

主料

猪小排200克 | 泡发海带100克

辅料

姜片5克 | 葱段5克 | 白胡椒粉2克
盐2克 | 料酒1汤匙

做法

1 猪小排洗净后斩成小段，放入沸水中焯水2分钟后捞出，沥干水分待用。

2 泡发海带洗净，切成细丝。

3 砂锅中加入1.5升清水，放入姜片、葱段和焯过水的排骨段，淋入料酒，大火煮开。

4 调成小火后下入海带丝，继续煮40分钟。

5 调入盐、白胡椒粉并拌匀，再煮5分钟即可。

— 营养贴士 —

海带中含有丰富的多糖物质，维生素和矿物质的含量也很高，还非常低脂健康，是补碘的优质食材。

— 烹饪秘籍 —

在煮汤前，可以将猪小排在冷水中浸泡2小时，并且在浸泡过程中换两三次水，以加速血水的渗出，更能保证汤品的口感。

每个孩子都有关于妈妈煲出的汤的记忆，那些妈妈让我们喝的汤，那些妈妈的唠叨，才是我们弥足珍贵的宝藏。当然，妈妈牌的拿手汤也永远是每个人心中无法取代的存在。

帮助消化
牛蒡猪排汤

⏱ 80分钟 | 👨‍🍳 简单

主料
牛蒡 100 克 | 猪小排 250 克 | 枸杞子 5 克

辅料
姜片 5 克 | 葱段 10 克 | 盐 2 克

做法

1 猪小排洗净后剁成小段，放入沸水中焯水 1 分钟后捞出，沥干水分待用。

2 牛蒡洗净、去皮后，斜切成寸段；枸杞子洗净后沥干水分。

3 锅内放入 2 升水，放入焯好水的猪小排、牛蒡、姜片和葱段，大火煮开。

4 调成小火，继续煮 40 分钟后放入枸杞子，再煮 10 分钟后调入盐拌匀即可。

—— 烹饪秘籍 ——

1 购买牛蒡时要选择比较鲜嫩的，过老的牛蒡中木质化纤维比较多，口感较差。

2 去皮切开后的牛蒡极易氧化变黑，切好的牛蒡要及时放入清水中浸泡，也可以在浸泡的水中加上一点白醋，可以令其颜色更加洁白。

—— 营养贴士 ——

猪肉中的脂肪含量比较高，同牛蒡搭配在一起炖煮，刚好和其中的膳食纤维相辅相成，让营养更加均衡。

牛蒡的吃法很多，不管是煮粥还是炒菜，都是非常不错的选择，但相比之下，煮汤才是牛蒡最能发挥优点的方式。经过长时间的熬煮，牛蒡和其他食材互补长短，成就了既美味又营养的汤水。

鲜美高汤
竹荪龙骨汤

⏱70分钟 | 🥄简单

主料

猪龙骨 300 克 | 干竹荪 2 根

辅料

盐 2 克

做法

1 竹荪提前泡软，洗净后沥干水分，切成段。

2 猪龙骨洗净后斩成大块，放入沸水中焯水 1 分钟后捞出待用。

3 另起一锅，加入 2 升水，放入焯过水的猪龙骨和竹荪。

4 大火煮开后，调成小火继续煮 40 分钟。

5 加入盐并拌匀，再煮 5 分钟即可。

营养贴士

竹荪中的蛋白质含量要远高于同重量鸡蛋中的蛋白质含量，且含有多种氨基酸，这是其味道鲜美的重要原因，因此竹荪也获得了"菌中皇后"的美称。

烹饪秘籍

1 泡发好的竹荪在煮汤前最好也焯一下水，这样可以有效去除竹荪的酸涩味道。

2 如果既想喝汤又想吃肉，那可以用猪大排或猪小排来代替猪龙骨熬汤，味道一样鲜美。

竹荪自古就被列为贡品，除了不易获取外，它的鲜美才是人们对它深深痴迷的主要原因。它的加入让普通的肉汤有了层次分明的口感，弥漫整个房间的香气也让人食指大动。

养颜滋补靓汤
花生猪蹄汤

⏱ 120分钟 | 🍳 简单

主料

猪蹄 150 克 | 花生仁 30 克 | 木瓜 100 克

辅料

姜片 5 克 | 葱段 5 克 | 料酒 1 汤匙 | 盐 2 克

做法

1 猪蹄洗净，斩成大块，放入沸水中焯水 1 分钟后捞出，沥干水分待用。

2 花生仁洗净，放入水中浸泡 30 分钟。

3 木瓜去皮、去子后切成大块。

4 锅内加入 2 升清水，放入除木瓜块、盐之外的所有食材和调料，大火煮开。

5 调成小火，继续煮 1 小时后下入木瓜块。

6 再煮 10 分钟后加入盐并拌匀即可。

—— 营养贴士 ——

花生中的脂肪含量很高，为了更加健康科学地食用花生，尽量不要选择油炸，用来做汤就是很好的方式，也不会摄入额外的油脂，适合追求健康饮食的人们。

—— 烹饪秘籍

1 木瓜一定不要切得太小块，否则在煮汤的时候很容易煮烂掉，影响汤品的美观。

2 买回来的猪蹄上仍会残留一些猪毛，为了保证口感，在烹饪前最好拔去。

猪蹄被各位爱美的女性奉为养颜
圣品，不管作用几何，那一碗碗
香浓的汤水下肚，顿时让人心情
大好，其实好心情才是青春永驻
的最好秘方吧！

补铁能量汤
菠菜猪肝汤

⏱ 50分钟 | 🥄 简单

主料

猪肝 150 克 | 菠菜 100 克

辅料

姜丝 10 克 | 盐 2 克 | 香油 1 茶匙
料酒 1 汤匙 | 淀粉 2 茶匙 | 白胡椒粉 1 克

做法

1 猪肝洗去血水，切成薄片，放入碗中，加入料酒、白胡椒粉、淀粉拌匀后腌制30分钟。

2 菠菜洗净，去根，切成两段。

3 锅里加入适量清水，烧开后放入腌制好的猪肝，烫半分钟后捞出，沥干水分待用。

4 另取一锅，加入700毫升清水，放入姜丝，大火烧开，下入菠菜煮2分钟。

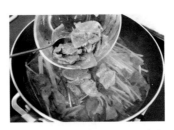

5 下入烫好的猪肝片，调成小火，煮1分钟后关火。

6 调入盐并拌匀，盛出后淋入香油即可。

—— 营养贴士 ——

猪肝是补充蛋白质、铁、锌、维生素 A 的优良食材。铁元素的缺乏会造成贫血，所以适当补充铁质对儿童和女性都有着很好的保健作用。

—— 烹饪秘籍 ——

肝脏作为解毒器官，会聚集有毒的代谢产物，在浸泡前可以先在猪肝表面裹上一些面粉，用手揉搓，再在流动的水下反复冲洗，将里面的血水尽量挤出。浸泡后的猪肝也要再冲洗一下，这样可以有效析出猪肝内的毒素。

小时候总幻想自己吃下一罐菠菜后也能变得力大无穷。其实只要搭配得当，普通的菠菜也能发挥巨大的作用。比如与猪肝搭配煮汤，补充水分的同时还能补充铁元素，真是一举两得呀！

Limerence

别具风味
金华火腿白菜汤

🕐 5小时 | ♡ 简单

主料
切片金华火腿 100 克 | 白菜 150 克
泡发笋干 50 克

辅料
绍兴黄酒 1 茶匙

做法

1 金华火腿用水清洗后放入水中，浸泡2小时。

2 将泡好的火腿放入沸水中，焯水2分钟后捞出待用。

3 白菜洗净后切丝；笋干提前泡发后洗净，切成跟白菜丝长短相仿的段。

4 砂锅中加入3升清水，烧开后放入金华火腿片、笋干段、绍兴黄酒，用小火煮2小时。

5 加入白菜丝，再煮10分钟即可。

— 营养贴士 —

金华火腿为腌制食品，虽然味道鲜美，但属于高钠食物，对于患有高血压的人群来说，要控制用量。

— 烹饪秘籍 —

优质的金华火腿表皮干燥，肉质紧实，无虫蛀现象，切开后的瘦肉为深玫瑰色或桃红色，肥肉为白色或微黄色。

金华火腿早已名扬四海，以金华火腿为原料，小火慢炖成汤，是最传统的吃法之一。佐以黄酒去腥增香，让整个厨房都弥漫在酒的芬芳和火腿的香醇中，连最普通、最不起眼的白菜都变成了可口的美味！

热气腾腾的暖胃汤
山药羊肉汤

⏱100分钟 | 🍳简单

主料
羊肉 500 克 | 山药 200 克 | 红枣 30 克
枸杞子 10 克

辅料
姜 10 克 | 葱段 10 克 | 八角 1 个
茴香 1 茶匙 | 桂皮 1 小段 | 盐 2 克

做法

1 羊肉洗净，切成小块，放入沸水中焯水1分钟后捞出，用流动的水冲洗干净后沥干水分待用。

2 山药洗净后去皮，切成段；红枣、枸杞子分别洗净后沥干水分待用。

3 锅内加入2升水，下入羊肉、山药和除盐以外的所有调料，大火煮开。

4 调成小火，继续煮40分钟后加入红枣，再煮20分钟后关火。

5 加入枸杞子、盐，拌匀后盖上锅盖，闷15分钟后即可食用。

— 营养贴士 —

山药富含多种维生素和矿物质，其所含的黏蛋白可以保持血管弹性，预防心血管内的脂肪沉积，且山药中几乎不含脂肪，热量较低，很适合作为减脂时的主食。

— 烹饪秘籍 —

1 煮汤时，可以将八角、茴香、桂皮装入调料包后再煮，这样可以省去汤煮好后挑拣调料的麻烦。
2 小火煮汤时一定要保持沸腾的状态，这样才能煮出颜色乳白的肉汤。

寒风凛冽的冬季，没有什么比一碗暖人心脾的热汤更能驱寒的了。羊肉就是冬季温补的最佳食材，将山药、红枣、枸杞子共同入锅，在一旁静静看着炉火燃烧，等待食材们完成其华丽的变身，香味从锅中也蔓延开来。这就是冬季里最令人期盼的时刻了！

浓郁滋味
红烧羊肉汤

🕐 2.5小时 | 😋中等

主料
羊腿肉500克 | 白萝卜100克 | 红萝卜100克

辅料
姜片5克 | 葱段5克 | 香叶1片 | 花椒1克
桂皮1小段 | 料酒2汤匙 | 生抽2汤匙
老抽1汤匙 | 冰糖5克 | 盐2克 | 香菜碎2克
植物油1汤匙

做法

1 羊腿肉洗净，斩成大块，放入沸水中焯水3分钟后捞出，沥干水分待用。

2 白萝卜、红萝卜分别洗净，去皮后切大块待用。

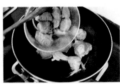

3 锅内加入植物油，烧至五成热时，放入姜片、葱段、香叶、花椒、桂皮、冰糖爆香，放入羊肉块。

4 炒出羊肉的水分，并不停地翻炒至水分蒸发。

5 加入3升清水，大火烧开后撇去表面浮沫。

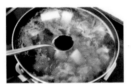

6 下入白萝卜块和红萝卜块，加入料酒、生抽、老抽，搅拌均匀，再次煮开后调成小火，继续炖煮1个半小时。

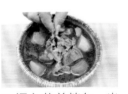

7 调入盐并拌匀，出锅后撒上香菜碎点缀即可。

营养贴士

羊肉的肉质比较细嫩，相比猪肉和牛肉，其脂肪及胆固醇的含量都要少，并且容易消化，是一种高蛋白、低脂肪的肉类。

烹饪秘籍

羊肉的膻味来自于其体内的脂肪和性腺，也和品种及产地有一定的关系。一般来说，公羊的膻味最重。市面上的羊肉一般都是分割好的，并不能确定是公羊还是母羊，但通过挑选适当产区，也能买到适口性好的羊肉。选择宁夏、内蒙古、陕北等地的羊肉，膻味会比较轻。

红烧羊肉是豪爽的北方人餐桌上不可或缺的美食，但大口吃肉的同时总会觉得缺点什么。没错！就是缺那滋味浓郁的汤汁。吃肉和喝汤，一个都不能少！

经典西餐汤
快手罗宋汤

⏱ 130分钟 | 🍴 简单

主料

牛腱肉 100 克 | 土豆 50 克 | 胡萝卜 30 克
圆白菜 30 克 | 洋葱 30 克 | 番茄 30 克

辅料

盐 1 克 | 黑胡椒粉 1 克 | 番茄酱 1 汤匙

做法

1 牛腱肉洗净后切小块，放入沸水中焯水 1 分钟，捞出，沥干水分待用。

2 所有蔬菜洗净、去皮，切成跟牛腱肉差不多大小的块状。

3 锅内加入 3 升水，放入焯好水的牛腱肉，大火煮开后调成小火，盖上锅盖，继续炖煮 1 小时。

4 放入所有蔬菜原料，再次煮开后继续煮 30 分钟。

5 加入盐、黑胡椒粉、番茄酱并拌匀即可。

── 营养贴士 ──

洋葱口感爽脆，富含硒、钾等，不仅能有效促进新陈代谢，还能提高人体免疫力，起到促进消化、延缓衰老的作用。

── 烹饪秘籍 ──

1 蔬菜原料不宜太早放入锅内，煮的时间过长会影响口感。
2 蔬菜也可以根据季节和自己的喜好进行自由搭配。

如果你喝腻了传统的中式汤品，不如在家里
制作一碗罗宋汤。将各色蔬菜和牛肉一同炖
煮，不仅颜色丰富，口感也别具一格，是非
常经典的一道西式汤品哦！

香浓佐餐汤
五彩牛肉汤

⏱ 40分钟 | 🥄 简单

主料
牛里脊80克 | 圆白菜1片 | 鲜香菇2朵
黄豆芽50克 | 胡萝卜30克

辅料
生抽1茶匙 | 盐2克 | 料酒2茶匙
黑胡椒粉2克 | 植物油2茶匙 | 香菜适量

做法

1 牛里脊洗净后切成细丝，放入碗中，加入料酒和黑胡椒粉，拌匀后腌制15分钟。

2 圆白菜、胡萝卜分别洗净后切细丝，鲜香菇洗净后切片，黄豆芽洗净后沥干水分，香菜洗净后切成末待用。

3 锅内加入1茶匙植物油，烧至五成热时下入牛肉丝，翻炒至变色后盛出。

4 锅洗净，烧干后加入1茶匙植物油，烧至五成热时下入所有蔬菜，翻炒至蔬菜变软。

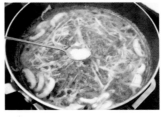

5 将700毫升清水倒入锅内，大火煮开后调成小火，下入牛肉丝，再煮5分钟后加入生抽、盐并拌匀。

6 出锅后撒上香菜点缀即可。

—— 营养贴士 ——

牛肉富含脂肪和蛋白质，但维生素和膳食纤维不足，所以在这道汤的配菜上，要选择一些新鲜的时令蔬菜来均衡营养。

—— 烹饪秘籍 ——

牛里脊在切丝腌制前，可以用刀背拍打一下，将肉质拍松后不仅更利于入味，也更方便咀嚼。

五种颜色的配菜让这碗牛肉汤看起来别具一格，从视觉上就先俘获了人心，更别提那浓郁的滋味了。嫩滑可口的牛肉片下肚，让人瞬间忘记了烦恼，这大概就是所谓的"何以解忧，唯有美食"了吧！

活力满满
芦笋牛肉汤

⏱ 55分钟 | 🍴 简单

漂亮的芦笋一直是餐桌上最亮眼的存在，和牛肉一同出现，翠绿在红色中若隐若现，这样的反差对比让人食指大动。这是一道属于春天的汤，品尝它也许就能尝到春天的味道吧！

主料

牛腩 200 克 | 芦笋 60 克 | 洋葱 50 克

辅料

姜片 5 克 | 葱段 5 克 | 白胡椒粉 2 克
盐 2 克

做法

1 芦笋洗净后切成寸段；洋葱去皮，洗净后切成大块。

2 牛腩洗净后切成块，放入沸水中，焯水 1 分钟后捞出待用。

3 另取一锅，加入 1 升清水，放入牛肉、洋葱、姜片和葱段，大火烧开后调至小火，继续煮 20 分钟。

4 下入芦笋再煮 10 分钟，加入盐和白胡椒粉拌匀即可。

—— 营养贴士 ——

芦笋富含氨基酸、B族维生素、维生素 A 及多种微量元素，口感爽脆，号称"蔬菜之王"。

—— 烹饪秘籍 ——

芦笋的老根纤维多，不好咀嚼，影响口感，在处理时要把老根去除。两只手拿着芦笋的两端，轻轻弯折，断裂的地方就是老根和嫩芦笋的分界线，非常易于操作。

简单好滋味
清炖牛骨汤

 160分钟 | 简单

牛骨虽然没什么肉可吃，但却是煲汤的极佳食材。在小火慢炖中，牛骨髓慢慢渗入汤中，便成就了这鲜美无比的汤。吃完一餐，来上一碗牛骨汤，暖心又暖胃。

主料

牛骨 500 克

辅料

姜片 10 克 | 葱段 10 克 | 葱花 2 克
盐 2 克 | 料酒 1 汤匙

做法

1 牛骨洗净，放入沸水中，焯水 1 分钟后捞出，沥干水分待用。

2 砂锅内加入 4 升水，放入焯过水的牛骨、料酒、姜片和葱段，大火烧开。

3 调至小火，继续炖煮 2 小时，加入盐并拌匀。

4 盛出后撒上葱花点缀即可。

—— 营养贴士 ——

牛骨中的骨髓含有丰富的胶原蛋白和矿物质，煮汤时会形成明胶，不仅能补钙，还能起到美容养颜的作用。

—— 烹饪秘籍 ——

牛骨头的体积都比较大，因此这道汤煮出来的量会比较多。如果一次喝不完，可以在冷却后装入不同容积的密封袋中，再放入冰箱冷冻保存，这样就有了随时可以取用的高汤了。

潮汕风味
萝卜牛丸汤

⏱ 30分钟 | 简单

牛肉丸是潮汕地区的传统美食，烹饪的方法也多种多样，用来做汤是最快捷的做法，也能尝到牛丸的原汁原味。爱好美食的你不动手试试吗？

主料

牛丸 100 克 | 胡萝卜 30 克
干紫菜 5 克

辅料

姜丝 5 克 | 葱花 2 克 | 盐 1 克
黑胡椒粉 1 克 | 植物油 2 茶匙

做法

1 牛丸提前解冻，胡萝卜洗净后切片，干紫菜撕成小片。

2 锅内放入植物油，烧至五成热时，下入姜丝炒香，放入胡萝卜片，翻炒1分钟至软。

3 加入800毫升清水，大火烧开后，下入牛肉丸和紫菜。

4 再次煮开后调成小火，继续煮10分钟，加入盐、黑胡椒粉并拌匀，出锅后撒上葱花点缀即可。

—— 营养贴士 ——

牛肉是高蛋白低脂肪的肉类，其含有的氨基酸更接近人体所需，但维生素和膳食纤维含量不足，在食用搭配上，应以新鲜蔬菜和水果来均衡营养。

—— 烹饪秘籍 ——

市售的潮汕牛肉丸，成分以牛肉、牛筋为主，肉含量在80%~90%，肉质紧实，口感弹牙。而北方常见的火锅牛丸多以淀粉为主要原料，肉含量较低，在购买时要注意分辨。

醉人的香气
玉米猴头乌鸡汤

⏱ 55分钟 | 🥄 简单

黝黑的乌鸡，金黄的玉米，在沸水中翻滚起伏，逐渐释放出令人陶醉的香气。猴头菇的加入，更让菌香渗入香醇的汤汁中，让人食欲大增。闲暇的周末，快为全家人炖一锅这样的汤吧！

主料

玉米半根 | 干猴头菇 1 朵 | 乌鸡半只

辅料

葱段 10 克 | 姜片 5 克 | 盐 2 克

做法

1 猴头菇提前泡发后洗净，切成小块；玉米去皮，洗净后剁成小块。

2 乌鸡洗净后斩成大块，放入沸水中，焯水 1 分钟后捞出待用。

3 另取一锅，加入 1.5 升水，放入除了盐以外的全部原材料，大火煮开。

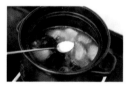

4 调成小火，继续煮 30 分钟，加入盐并拌匀即可。

—— 营养贴士 ——

猴头菇中蛋白质、脂肪、矿物质及维生素的含量极其丰富，远高于其他食用菌，并且其中含有的 16 种氨基酸中，有 7 种是人体必需氨基酸，营养价值非常高。

—— 烹饪秘籍 ——

干猴头菇会有比较重的涩味，可以用 40℃ 左右的温水泡发，待泡软后将猴头菇中的水分挤出，然后再次浸泡，重复此过程，直至泡发的水颜色越来越浅即可。

汤鲜肉烂
莲藕鸡汤

⏱150分钟 | 🍳简单

主料

莲藕100克 | 莲子30克
鸡腿1只（约120克）

辅料

姜片5克 | 葱段5克 | 料酒1汤匙
盐2克

做法

1 鸡腿洗净后用刀斩成小段；
莲藕去皮，洗净后切成块。

2 锅内加入足量的水，烧开
后加入料酒，下入鸡肉块汆烫
1分钟后捞出。

3 另取一个砂锅，加入3升
水，煮开后下入除盐外的所有
原料和调料。

4 再次煮开后调成小火，盖上
锅盖，继续煮2小时。

5 撇去表面浮沫，出锅前调入
盐即可。

── 营养贴士 ──

莲藕不仅富含矿物质，也富含碳水化合
物，能给身体提供足够的能量，所以在减
脂期可以用莲藕来替代精细的主食。

── 烹饪秘籍 ──

莲藕中含有较多的淀粉，在空气中容易氧化，
所以切好的莲藕可以放在清水
中浸泡15分钟左右，这样也
能除去一部分淀粉，确保煮汤
时莲藕的爽脆口感。

莲藕的特殊质地，使其能很好地吸收鸡肉的油脂，那曾经令人嫌弃的鸡皮吃起来也不再油腻，取而代之的是醇厚的肉香和清甜的肉汤。忙碌的工作之余，何不来一碗这样的汤呢？

喝完汤再吃肉
香菇鸡腿汤

⏱ 100分钟 ┃ 🍳 简单

主料

香菇80克 ┃ 鸡腿1只（约120克）

辅料

姜片5克 ┃ 白胡椒粉2克 ┃ 料酒1汤匙
植物油2茶匙 ┃ 盐2克

做法

1 鸡腿洗净后剁成小块儿；香菇洗净，每朵切成四块待用。

2 锅内加入足量水，煮开后倒入鸡块，煮1分钟后捞出并沥干水分。

3 另起一锅，倒入植物油，烧至五成热时下入姜片炒出香味。

4 再倒入焯好的鸡肉块，翻炒片刻后淋入料酒。

5 倒入2升水，并加入香菇，大火煮开后调成小火，继续煮1小时。

6 撇去表面浮沫，加入盐、白胡椒粉并拌匀即可。

— 营养贴士 —

香菇富含脂溶性维生素D，用含有油脂的鸡肉来搭配，不仅能促进维生素D的吸收，也能让汤的味道更鲜美。

— 烹饪秘籍 —

挑选新鲜香菇时，要选择菌盖圆润完整、肉质肥厚、厚度一致的，背面的白色菌褶整齐无破损，菌柄粗短新鲜，大小均匀，闻起来有淡淡香味的。

香菇是日常菜肴的增香法宝，用香菇煮汤也有着异曲同工的效果。这道汤做起来非常简单，只需要将香菇和鸡腿一起放入锅内，剩下的就只需交给时间。时间一到就能品尝到集香味和营养于一身的汤了。

清香甘甜，味美醇香
栗子土鸡汤

⏱ 160分钟 | 🍲 简单

主料
板栗仁40克 | 鸡半只（约500克）
干香菇10克

辅料
盐2克 | 姜5克 | 料酒2汤匙

做法

1 干香菇提前泡发后挤去水分，将每朵切成四块。

2 鸡洗净后斩成大块，姜去皮后切片待用。

3 锅内加入清水，烧开后下入鸡块，焯水2分钟后捞出。

4 另取一锅，加入3升水后下入鸡块、香菇块、板栗仁、姜片。

5 大火煮开后调成小火，并淋入料酒，继续煮2小时。

6 撇去表面浮沫，调入盐，拌匀即可。

—— 营养贴士 ——

板栗的主要成分为碳水化合物，还富含蛋白质、不饱和脂肪酸和维生素。虽然口感软糯，但对于肠胃功能较弱的人来说，过量食用会引起消化不良，要加以注意。

—— 烹饪秘籍 ——

生栗子去皮的方法：用刀或剪刀在栗子壳上划出十字，将板栗放入锅内，加入没过板栗的水，再放入少许盐，盖上锅盖煮5分钟，然后趁热剥皮即可。

每个季节都有它特有的魅力，每到秋冬季，便无法抗拒满街飘来的糖炒栗子香。你喜欢用栗子入菜或者入汤吗？栗子特有的香甜能很好地中和鸡肉的油腻，长时间的高温炖煮也让栗子吸收了肉汤的精华。这大概是食材对我们最好的问候吧。

经典重现

陈皮老鸭汤

75分钟 | 简单

主料

鸭腿1只（约250克）| 白萝卜150克

辅料

陈皮5克 | 枸杞子5克 | 盐2克

做法

1 陈皮提前洗净、泡软，枸杞子洗净后沥干水分。

2 鸭腿洗净，斩成小块；白萝卜洗净后去皮，切成小块待用。

3 锅内加入足量的水，放入切好的鸭肉块，焯水1分钟后捞出。

4 另取一锅，加入1.5升水，放入陈皮、白萝卜、焯好水的鸭肉，大火煮开。

5 调成小火，继续煮40分钟后加入盐拌匀，下入枸杞子，再煮5分钟即可。

营养贴士

鸭肉虽然脂肪较多，但整体的分布比较均匀，同猪肉、羊肉等相比，鸭肉中各种脂肪酸的比例接近理想值，是较为健康的肉质食材。

烹饪秘籍

为了保证枸杞子的形状和口感，一定要在汤煮好后再下入，下入后可以继续小火炖煮5~10分钟，也可以关火，盖上锅盖闷15分钟左右。

鸭肉油脂比较多，一直让不少女性望而却步，但只要找对了方法，鸭肉也能变得美味可口。将白萝卜和鸭肉一起小火慢炖，再用陈皮提味，煮烂的鸭肉吃起来完全不会油腻，连汤都变得非常鲜美！

香味扑鼻
党参乳鸽汤

⏱75分钟 | 🥄简单

主料
乳鸽1只（约200克）| 红枣10克

辅料
党参2克 | 姜片10克 | 葱段15克
料酒1汤匙 | 盐2克

做法

1 乳鸽洗净后斩成大块，放入沸水中焯水2分钟后捞出，沥干水分。

2 红枣洗净，沥干水分；党参洗净，沥干水分待用。

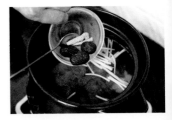

3 砂锅中加入3升水，放入除盐外的所有材料，大火烧开。

4 调成小火，继续煮50分钟后加入盐，拌匀即可。

—— 烹饪秘籍 ——

1 高品质的党参为灰黄色至黄棕色，表皮有不规则的纵向沟纹，切开后的断面为黄白色，有菊花心。
2 乳鸽指1月龄内的雏鸽，这时候的鸽子喙和爪子为浅肉色，而成年的鸽子喙上有两个白点，爪子为红色，在购买时要注意分辨。

—— 营养贴士 ——

乳鸽体形小巧，肉质易于消化，含有丰富的蛋白质，油脂含量较低，煮出来的汤不油腻，是爱美女士的不二选择。

作为常见的药材，党参一直在药材铺里默默
无闻地躺着，但这一次跟乳鸽的邂逅，却成
就了一道不一样的美味。久煮的乳鸽肉质嫩
而不柴，汤汁鲜而不腻。吃腻了辛辣食物，
这一次不妨来一份这样的滋补清汤吧。

汤中的佼佼者
花生干贝鸡爪汤

 70分钟 | 简单

别看小小的鸡爪不起眼，但也是煮汤食材里的佼佼者，再加入些许干贝，提升口感的同时也丰富了营养，浓郁的香味让人欲罢不能。

主料
干贝15克 | 鸡爪8只 | 花生仁30克

辅料
姜片5克 | 葱段10克 | 盐2克

做法

1 干贝提前泡发后洗净，花生仁洗净后沥干水分。

2 鸡爪洗净，剪去爪尖，放入沸水中煮5分钟后捞出，沥干水分待用。

3 另取一锅，加入1.5升水，放入除盐外的所有原材料，大火煮开。

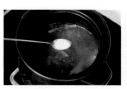

4 调成小火，继续煮40分钟后调入盐，拌匀即可。

营养贴士

鸡爪虽然没什么肉质，但却含有丰富的胶原蛋白和钙质，煮汤后更易于被人体吸收，对防止皱纹产生、延缓衰老有着一定的积极作用。

烹饪秘籍

鸡爪在入汤前可以将爪尖剪去，这样啃食的时候会更加方便。

第四章
美味鲜香的海鲜汤

香浓鱼汤补充体力
枸杞鲈鱼汤

⏱60分钟 | 👨‍🍳简单

主料
鲈鱼 200 克 | 枸杞子 15 克

辅料
葱段 5 克 | 姜丝 5 克 | 白胡椒粉 2 克
盐 1 克 | 植物油 1 汤匙

做法

1 鲈鱼去鳞、掏净内脏，洗净，切成大段。

2 不粘锅内倒入植物油，烧至五成热时，依次放入鲈鱼段，煎至两面微黄后盛出，用厨房纸吸去表面多余油脂。

3 另取一锅，加入 1 升清水，放入煎好的鲈鱼段、葱段、姜丝，大火烧开。

4 调成中火，保持沸腾状态煮20分钟，下入枸杞子再煮 10分钟。

5 出锅前调入盐和白胡椒粉，拌匀即可。

--- 营养贴士 ---

鲈鱼中含有丰富的蛋白质、维生素 A、B 族维生素及多种微量元素，再加上其肉质细嫩、没有小刺，非常适合作为孩子日常的水产食物。

--- 烹饪秘籍 ---

鲈鱼肚子内有一层黑色的膜，在清洗时要注意除去，鱼腹内的黑膜是其腥味的主要来源，如果不处理干净，煮出来的汤会比较腥。

谁说鲈鱼只能清蒸？用红色的枸杞子点缀在雪白的鱼汤中，鱼肉爽滑，鱼汤鲜美，这样的美味你怎么能错过呢？

冬日暖身汤
银丝鲈鱼汤

⏱ 70分钟 | 💬 简单

主料

鲈鱼 500 克 | 白萝卜 150 克

辅料

姜丝 5 克 | 葱段 5 克 | 料酒 1 汤匙
白胡椒粉 2 克 | 香菜 2 克 | 盐 2 克

做法

1 鲈鱼洗净后控干水分，用锋利的刀将鱼肉片下来。

2 将鱼肉片放入大碗内，加入料酒、白胡椒粉，用手抓匀后腌制15 分钟。

3 白萝卜洗净、去皮，切成细丝；香菜洗净，去根后切碎待用。

4 锅内加入 1 升清水，放入姜丝、葱段，大火煮开。

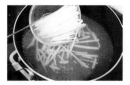

5 调成小火，下入白萝卜丝，再次煮开后继续煮 5 分钟。

6 慢慢下入腌好的鲈鱼片，待鱼肉变色后再轻轻搅拌，煮 10 分钟后加入盐并拌匀。

7 盛出后撒上香菜碎点缀即可。

--- 营养贴士 ---

白萝卜热量很低，水分大，既可生食，也可以做菜，能很好地补充水分，且含有丰富的膳食纤维，能促进肠胃蠕动，起到助消化的作用。

--- 烹饪秘籍 ---

白萝卜比较耐储存，但如果保存不当，仍会出现脱水变糠的状态。将买回来的白萝卜放在通风处晾上一晚，待表皮略微起皱后再将其装入密封袋保存，就可以有效防止白萝卜脱水了。

晚餐时分，和家人围坐在桌前聊着家常，应该是每天最温馨的时刻。当一餐接近尾声，一碗热汤便是最好的结束语。一碗有菜有肉的热汤下肚，畅快的感觉瞬间让人神清气爽。

简单好味道
玉米鲫鱼汤

⏱ 60分钟 | 🥄 简单

主料
鲫鱼 200 克 | 玉米半根（约 200 克）

辅料
姜片 5 克 | 植物油 1 汤匙 | 盐 1 克

做法

1 鲫鱼去鳞，洗净后沥干水分，用刀在两侧鱼肉上斜切四五刀。

2 玉米去皮、去须，洗净后剁成小段待用。

3 不粘锅内放入植物油，烧至五成热时放入鲫鱼，将两面煎至微黄后捞出，用厨房纸吸去多余油脂。

4 锅内加入 1 升清水，放入姜片、煎好的鲫鱼，大火煮开。

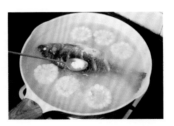

5 调成小火，煮 20 分钟后下入玉米块，继续煮 15 分钟后加入盐并拌匀即可。

营养贴士

鲫鱼营养丰富，蛋白质含量很高，特别是含有维生素 D，能有效促进钙质的吸收，降低儿童佝偻病的发生率。老人和妇女也应经常食用富含维生素 D 的食物。

烹饪秘籍

鲫鱼同海水鱼相比，难免会有一些土腥味。为了让鲫鱼煮的汤更鲜美，在煮汤前可以将鲫鱼放在淡盐水中浸泡一段时间，并且在鱼头下方用刀切开，将鱼身两侧的腥线剔除，便可以减少腥味了。

鲫鱼多刺，吃起来并不算美味，但却是个煮汤的小能手。挑选小个头的鲫鱼，先小火煎黄，再加水大火煮开，不一会儿便会煮出一锅浓浓的奶白汤，味道更是鲜美得不得了。如果觉得颜色不够好看，就试着加些色彩丰富的配菜吧！

有效恢复体力
豆腐鲫鱼汤

⏱ 75分钟 | 🍴 简单

主料
鲫鱼 200 克 | 北豆腐 100 克

辅料
葱段 5 克 | 姜片 5 克 | 葱花 2 克
植物油 1 汤匙 | 白胡椒粉 1 克 | 盐 1 克

做法

1 鲫鱼去鳞、去内脏，洗净后沥干水分，用刀在两侧鱼肉上斜切四五刀。

2 北豆腐切成大块待用。

3 不粘锅内放入植物油，烧至五成热时放入鲫鱼，将两面煎至微黄后捞出，用厨房纸吸去多余油脂。

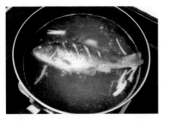

4 锅内加入 1 升清水，放入葱段、姜片、煎好的鲫鱼，大火煮开。

5 调成小火，保持沸腾状态煮30 分钟，下入豆腐块，继续煮 10 分钟。

6 加入盐、白胡椒粉并搅拌均匀，盛出后撒入葱花点缀即可。

--- 营养贴士 ---

豆腐富含蛋白质，但相应的嘌呤含量也比较高，对于有痛风病史或者尿酸过高的人来说，要尽量少食或不食，以免加重病情。

--- 烹饪秘籍 ---

在煎鲫鱼的时候不要频繁翻动，以免弄破鱼皮，影响美观。尽量使用不粘锅来煎鱼，可以有效避免这个问题，如果没有不粘锅，只有普通的铁锅，可以在煎鱼前用生姜块将锅内侧均匀擦一遍，也能起到防粘的作用。

豆腐和鲫鱼同时煮汤，丰富的蛋白质化成汤中的精华，闻起来就异常鲜美，在补充体力的同时还能兼顾补钙，这大概就是这碗汤让人久久不能忘怀的原因吧！

爽口佐餐汤
菠菜鱼片汤

⏱30分钟 | 🍴简单

主料
巴沙鱼 150 克 | 菠菜 80 克

辅料
盐 1 克 | 葱花 2 克 | 香油 1 茶匙

做法

1 巴沙鱼提前解冻，洗净后擦干水分，切成薄片。

2 菠菜去根后洗净，切成两段。

3 锅内加入 800 毫升水，大火烧开后下入巴沙鱼片。

4 再次煮开后下入菠菜段，调成小火，继续煮 5 分钟后调入盐，拌匀。

5 盛出后撒上葱花，淋入香油即可。

— 营养贴士 —

巴沙鱼肉质细腻，富含蛋白质和维生素 A，还能有效补充钙质，并且久煮不烂，适宜煮汤、涮火锅。

—— 烹饪秘籍 ——

巴沙鱼虽然没有小刺，但冷冻的巴沙鱼片上仍有一些筋膜，在清理鱼肉时可以用刀剔除残留的筋膜，这样切出来的鱼片口感更好。

翠绿爽口的菠菜，爽滑弹牙的鱼片，构成了这碗绿白相间的美味汤。这是视觉和味觉的双重诱惑，没有人能抵挡这样的美味陷阱。这样的汤一定能一次喝上两碗。

低脂醇香鱼汤
养生天麻鱼头汤

⏱ 70分钟 | 👨‍🍳 简单

主料
鲢鱼头1个 | 天麻10克 | 红枣片10克

辅料
姜片5克 | 盐2克 | 植物油2茶匙

做法

1 鲢鱼头洗净后，剁成大块；天麻洗净后待用。

2 不粘锅内加入植物油，烧至五成热时下入鱼头块，用小火煎至微黄后盛出。

3 另取一锅，加入2升清水，放入除盐外的所有原材料，大火煮开。

4 调至小火，保持沸腾状态继续煮40分钟后关火，调入盐拌匀即可。

烹饪秘籍

1 熬鱼头汤的鱼头一定要选择大小合适的，太小的没什么肉，太大的在家里也不方便操作，鱼头长度在20厘米左右即可。

2 如果是现场宰杀的鱼头，以保留鱼头下两三指的鱼肉为宜。

营养贴士

鲢鱼营养丰富，不仅高蛋白、低脂肪，还含有人体必需的多种维生素和矿物质，特别是鱼肉中的不饱和脂肪酸，能有效降低心脑血管疾病的发生风险。

鱼头一直处于"食之麻烦，弃之可惜"的尴尬地位，但其实鱼头却是很好的煲汤材料。用天麻和红枣为鱼汤增香提味，令其看上去更有食欲，让人迫不及待地想喝上一口。

特殊的香味
茴香鱼滑汤

⏱ 35分钟 | 🍴 简单

主料
鱼滑150克|鲜茴香5克

辅料
盐1克

做法

1 鱼滑提前解冻，鲜茴香洗净后切碎待用。

2 锅内加入800毫升水，大火烧开后调成小火，用小勺将鱼滑团成圆球，从锅边下入锅内。

3 将所有鱼滑都下入锅内后再煮5分钟，至其全部浮起。

4 下入鲜茴香碎，再煮1分钟后关火，调入盐拌匀即可。

——— 烹饪秘籍 ———

除了买市售的现成冷冻鱼滑外，也可以自己购买新鲜的鱼肉来制作鱼滑，刺少的鲅鱼、鲈鱼等都是不错的选择。

——— 营养贴士 ———

新鲜的茴香中富含B族维生素、胡萝卜素，其特殊的香味能有效刺激消化液的分泌，起到开胃促消化的作用。茴香跟富含油脂的肉类搭配，味道更佳。

茴香的香味很冲，有人爱得要命，有人却避之不及，但当茴香遇上鱼滑，这一切就不再是问题。翠绿细碎的茴香叶包裹在圆润的鱼滑外面，一口咬下去，鱼滑饱含汁水，茴香叶的香气在口腔里蔓延，这就是最令人期待的时刻了。

清淡做法也美味
冬笋芥蓝鳝段汤

⏱ 60分钟 | 🍳 简单

主料

黄鳝 150 克 | 冬笋 50 克 | 芥蓝 50 克

辅料

料酒 1 汤匙 | 葱段 5 克 | 姜片 5 克
蒜片 10 克 | 白糖 1 克 | 盐 2 克 | 白胡椒粉 2 克
植物油 1 汤匙 | 葱末 2 克

做法

1 黄鳝掏净内脏，洗净后斩段，放入盆中，加入料酒腌制 30 分钟。

2 锅里放入适量水，烧开后放入腌好的鳝段，焯水 1 分钟后捞出，沥干水分待用。

3 冬笋、芥蓝分别洗净后切片；蒜剥皮，洗净后用刀背拍散待用。

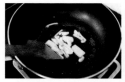

4 另取一锅，加入植物油，烧至五成热时放入葱段、姜片、蒜片爆香。

5 再依次下入鳝段、冬笋片、芥蓝片，翻炒 2 分钟。

6 加入 1 升水，大火烧开后，转小火继续煮 10 分钟。

7 出锅前加入盐、白糖、白胡椒粉并拌匀，盛出后撒上葱末即可。

--- 营养贴士 ---

芥蓝富含有机碱，能有效刺激味觉神经，有增进食欲、促进肠胃蠕动的作用，在食欲不佳的时候，不妨试着用芥蓝来改善这个状况。

--- 烹饪秘籍 ---

黄鳝表面的黏液由多糖组成，在烹饪前可以不必洗掉，但这样的黄鳝又特别难用手抓住，可以在黄鳝表面抹上一点盐，再用干净毛巾捏住黄鳝的一头来清洗。

芥蓝是绿色蔬菜中的一股清流，爽而不硬、脆而不韧；黄鳝也是鱼类中的特殊存在，形态另类、口感爽滑。这两种食材在煮汤人的巧手中，变成了一道让人垂涎的美味。

不油炸更低脂
木耳带鱼汤

⏱ 90分钟 | 😊 简单

主料

带鱼段250克 | 泡发木耳50克 | 枸杞子5克

辅料

姜片5克 | 小葱段5克 | 料酒1汤匙
白胡椒粉1克 | 植物油1汤匙 | 盐2克

做法

1 带鱼段提前解冻后洗净，沥干水分，放入大碗中，加入白胡椒粉和料酒，抓匀后腌制30分钟。

2 木耳洗净后撕成小朵，枸杞子洗净后沥干水分待用。

3 锅里加入植物油，烧至五成热时放入腌好的带鱼段，将两面煎至微黄。

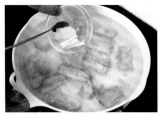

4 加入1.5升清水，放入姜片、小葱段，大火烧开后继续煮30分钟。

5 下入木耳，再煮10分钟后下入枸杞子。

6 煮5分钟后加入盐，拌匀即可。

— 营养贴士 —

作为受欢迎的海水鱼之一，带鱼以没有小刺、味道鲜美而深受大家的喜爱，特别是高于淡水鱼的DHA含量，能有效促进脑部的发育，非常适合孕妇、儿童及老年人食用。

— 烹饪秘籍 —

1 可以选择整条的带鱼自己处理，也可以选择包装好的鱼段，这样可以节省时间。

2 太窄的带鱼尾部比较适合煎炸，煮汤时要选择比较宽的鱼腹部分，肉质较多，口感更好。

吃腻了油炸带鱼，是时候换个做法了。用带鱼煮汤，肉质更加紧实，不仅能尝到另一种风味，还少了油烟的困扰，何乐而不为呢？

小朋友的最爱
香菇鳕鱼汤

⏱ 25分钟 | 🥄 简单

主料

鳕鱼150克 | 鲜香菇60克

辅料

姜3克 | 小葱1根 | 盐1克

做法

1 鳕鱼提前解冻，洗净，沥干水分后切成大块。

2 鲜香菇洗净，去根后，将大朵的切成块。

3 姜切丝，小葱切成葱花待用。

4 锅内加入800毫升水，放入姜丝和香菇，小火慢慢煮开。

5 将鳕鱼块下入锅中，再次煮开后加入盐拌匀，出锅前撒入葱花即可。

---- 营养贴士 ----

鳕鱼不仅蛋白质含量高，还没有腥味，也没有过多的小刺，再加上肉质细嫩，口感爽滑，是非常适合煮汤的食材。

---- 烹饪秘籍 ----

1 做这道汤时，可以挑选个头小一些的香菇，直径在三四厘米的即可，小香菇不需要再额外切开便可以入汤，整朵的小香菇会让汤品看起来更好看。

2 将鳕鱼块下入锅中时，一定要沿着锅边慢慢将鳕鱼块滑入锅中，不要直接丢入沸水中央，以免溅起汤水引起烫伤。

对于还处育生长发育期的小朋友来说，海鲜
是一日三餐中必不可少的元素，不仅可以补
充营养，也能大量补充水分。面对不爱喝汤
的小朋友，不妨端上一碗鲜美的海鲜汤吧。

大海的馈赠
银鱼海带汤

⏱ 25分钟 | 🍳 简单

主料
银鱼 30 克 | 海带 50 克 | 白豆腐干 30 克

辅料
姜丝 2 克 | 盐 1 克 | 香油 1 茶匙

做法

1 银鱼提前解冻后洗净，沥干水分。

2 海带提前泡发后洗净，切成细丝；白豆腐干洗净后切条待用。

3 锅内加入 700 毫升水，加入银鱼、海带和白豆腐干，中火煮开。

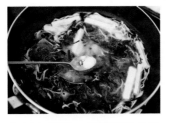

4 加入姜丝，继续煮 5 分钟后关火，调入盐。

5 出锅后淋入香油即可。

—— 营养贴士 ——

银鱼富含蛋白质，钙含量也远超其他鱼类，具有很高的营养价值，且体形小巧，食用时不必去除头、鳍、内脏等，非常方便。

—— 烹饪秘籍 ——

市面上出售的银鱼一般分为银鱼干和冰鲜银鱼两种，从操作的便捷性上看，冰鲜银鱼只需解冻清洗即可，不需要泡发，食用起来更为方便。挑选时要选择颜色洁白，通体透明，体长 2.5 ~ 4 厘米的为宜。

银色的小鱼从大海游到了自家的汤锅里，把丰富的钙质释放出来，再加上富含蛋白质的豆腐干，这样一碗帮助孩子骨骼健康的汤就完成了。喝汤的时候还能顺便给孩子讲讲关于大海的传说哪。

西式鱼汤
三文鱼清汤

⏱ 50分钟 | 🥄 简单

主料
三文鱼 200 克

辅料
葱段 15 克 | 香芹叶 2 克 | 盐 2 克
植物油 1 汤匙

做法

1 三文鱼提前解冻，洗净后切成大块；香芹叶洗净后切碎待用。

2 不粘锅内倒入植物油，烧至五成热，放入三文鱼块，将其两面煎至微黄后盛出，用厨房纸吸去多余的油脂。

3 另取一锅，加入 1 升清水，放入葱段，大火煮开。

4 放入煎好的三文鱼，调成小火，继续煮 20 分钟。

5 加入盐并拌匀，盛出后撒上香芹叶碎点缀即可。

— 营养贴士 —

三文鱼富含蛋白质及不饱和脂肪酸，经常食用能有效预防心脑血管疾病。

— 烹饪秘籍 —

切过鱼肉的刀刃上会粘上鱼腥味，并不易洗掉，可以用生姜片擦拭刀刃后再清洗，鱼腥味就比较容易去除了。

橙色的三文鱼大多数时候是以刺身的形式出现，但这样生食却有着一定的健康风险，不妨试着用三文鱼煮汤，一样能保留三文鱼最原始的鲜美，吃起来也更加安全放心哦！

无法掩饰的鲜美
鲜虾汤

⏱ 30分钟 | 🍳 简单

主料
鲜虾 160 克 | 平菇 50 克

辅料
鱼露 1 茶匙 | 盐 1 克 | 香菜碎 1 克

做法

1 鲜虾去头、去壳，仅保留尾部虾壳，剔除虾线，洗净并沥干水分。

2 将洗净的虾从背部剖开，不要完全切断。

3 平菇洗净，沥干水分，用手撕成小片。

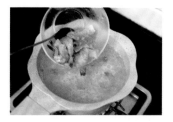

4 锅内加入 700 毫升清水，大火烧开后下入处理好的虾。

5 调成小火，煮 1 分钟至虾整体卷缩成球状，下入平菇。

6 继续煮 5 分钟后调入盐、鱼露并拌匀，出锅后撒入香菜碎即可。

─── 营养贴士 ───

平菇味道鲜美却价格低廉，富含蛋白质，其中的氨基酸种类齐全，矿物质及 B 族维生素含量也很丰富，能刺激食欲，对提高免疫力有一定的积极作用。

─── 烹饪秘籍 ───

要选择掂在手里有分量的平菇，还要仔细观察一下菌盖的大小，以直径 5 厘米左右为宜，太大的生长时间较长，并不好吃。

如果不知道这一餐该做什么汤，那就做一碗最简单的鲜虾汤吧。鲜美的虾肉配上一点时蔬，或者什么都不配，只需点缀上葱花或香菜，也能释放出鲜虾最原始的味道，这样的汤就像高汤一般美味无比。

细嫩爽滑
豆腐虾仁羹

⏱ 35分钟 | ♡ 简单

主料

虾仁 50 克 | 南豆腐 80 克 | 青豆 50 克
鸡蛋 1 个

辅料

姜丝 2 克 | 白胡椒粉 1 克 | 盐 2 克
玉米淀粉 1 茶匙 | 葱花 2 克

做法

1 虾仁提前解冻，切成小丁；
南豆腐洗净后切成小丁。

2 青豆去皮后洗净；鸡蛋打入
碗中，打散成均匀的蛋液；玉
米淀粉中加入 1 汤匙清水，调
成水淀粉待用。

3 锅内加入 900 毫升水，大
火烧开后下入姜丝、青豆，煮
10 分钟。

4 调成小火，下入豆腐丁和虾
仁丁，再次沸腾后，将蛋液以
画圈的方式慢慢淋入锅中。

5 待蛋液凝固后，加入盐和白
胡椒粉并搅拌均匀。

6 将水淀粉也以画圈方式倒
入锅中，边倒边搅拌，拌匀后
再煮 2 分钟，出锅前撒入葱花
即可。

--- 营养贴士 ---

虾仁富含蛋白质，而脂肪含量却比较低，且
肉质细嫩，易于咀嚼和吞咽。虾仁中的磷、
钙等矿物质元素也是人体必不可少的。

--- 烹饪秘籍 ---

现成的冷冻虾仁多数未剔除
虾线，尽量挑选个头大的
虾仁，并在烹调前剔除虾
线，有条件也可以自己购
买鲜虾去壳。

鲜味十足的虾仁、洁白爽滑的豆腐和可爱圆润的青豆，一起在开水中翻滚，像极了跳舞的小精灵们。只需等待片刻，一锅美味的虾仁豆腐羹便出炉了。胡椒粉的辛辣又恰到好处地为汤品提味增香，让这道汤以最完美的味道呈现。

汤鲜味美
鲜虾火腿海带汤

 30分钟 | 简单

同样来自大海的虾仁和海带，却有着完全不同的口感和营养，在带来鲜味的同时也失于寡淡，这时候将适量火腿肠加入汤中，利用高温释放出其中的盐分，恰到好处地平衡了海鲜的鲜味，这便做成了一碗咸鲜可口的佐餐汤了。

主料

虾仁 50 克 | 海带 80 克 | 火腿肠 50 克

辅料

盐 1 克 | 白胡椒粉 1 克 | 葱花 2 克

做法

1 虾仁提前解冻，剔除虾线。

2 海带提前泡发并洗净，切成细丝；火腿肠切丝待用。

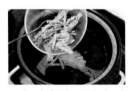

3 锅内加入 700 毫升水，烧开后下入海带丝和火腿肠丝，煮 5 分钟。

4 调成小火，下入虾仁，继续煮 5 分钟后调入盐、白胡椒粉并拌匀，出锅后撒入葱花即可。

— 营养贴士 —

虾仁中含有优质蛋白质，非常利于人体吸收利用，同时热量不高，非常适合减肥期食用。

— 烹饪秘籍 —

可以购买易于泡发且不含盐的幼嫩海带，吃起来比较方便，也更加健康。而含盐的风干海带处理起来会比较麻烦和费时，不太适合快节奏的生活。

补钙佳品
菌菇蛤蜊汤

⏱ 35分钟 | 🍴简单

用香菇和金针菇煮汤，其带有的特殊香气一点点融入汤中，而蛤蜊的加入，仿佛让汤活了起来，也勾起了肚子里馋虫，忍不住要多喝一碗。

主料

蛤蜊 250 克 | 鲜香菇 30 克 | 金针菇 20 克

辅料

蒜 5 克 | 葱 5 克 | 盐 2 克 | 白胡椒粉 1 克

做法

   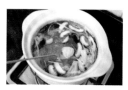

1 蛤蜊提前放入足量的水中，加入 1 克盐，浸泡 2 小时后捞出洗净，沥干水分。

2 鲜香菇洗净后切片，金针菇洗净后切成两段，蒜剥皮后切片，葱洗净后切小段。

3 锅内加入 800 毫升水，放入蛤蜊及蒜片、葱段，大火煮开。

4 调成小火，下入香菇及金针菇，继续煮 5 分钟，调入盐和白胡椒粉并拌匀即可。

--- 营养贴士 ---

蛤蜊味道鲜美，营养丰富，是一种高蛋白、高钙、高铁、低脂肪的海产品，被誉为"天下第一鲜"，不仅可以单独食用，也可以作为其他食物的配菜，为菜肴增加鲜味。

--- 烹饪秘籍 ---

在挑选鲜活蛤蜊时，要尽量选择有触角伸出的。市场上出售的鲜活蛤蜊通常沙子已经吐得差不多了，在烹饪前稍微浸泡一下并刷洗干净外壳即可。

豆腐爽滑，扇贝鲜美
扇贝豆腐汤

⏱ 40分钟 | 🥄 简单

主料
扇贝肉50克 | 南豆腐100克

辅料
姜片5克 | 葱段5克 | 盐1克 | 白胡椒粉1克

做法

1 扇贝肉提前解冻，南豆腐洗净后切成大块。

2 锅内加入800毫升水，大火烧开后下入姜片、葱段及扇贝肉。

3 调至小火，继续煮15分钟后下入豆腐块。

4 再煮5分钟后加入盐、白胡椒粉并拌匀即可。

—— 烹饪秘籍 ——

扇贝被捕捞后很快就会死亡，所以我们一般能买到的都是冷冻的扇贝，在挑选时要选择肉质完整洁白的。

—— 营养贴士 ——

扇贝中富含蛋白质和不饱和脂肪酸，热量较低，但不宜多食，肠胃功能较弱的人群在食用时要格外注意，以免因消化不良导致肠胃不适。

吃腻了清蒸的扇贝，不妨来尝试别的做法吧。用扇贝入汤，再加入豆腐，这道汤不受季节的影响，营养丰富，又操作简单。这样别具一格的做法会带来怎样的全新体验呢？快动手试一下吧！

简单食材的完美变身
清炖鲍鱼汤

⏱75分钟 | 🍴简单

主料

鲍鱼 50 克 | 鸡腿 1 只（约 120 克）

辅料

松子仁 10 克 | 姜片 5 克 | 葱段 5 克 | 盐 1 克

做法

1 鸡腿洗净，斩成小块，放入沸水中，焯水 1 分钟后捞出，沥干水分。

2 鲍鱼去壳，洗去泥沙，切片待用。

3 另取一锅，加入 1.5 升清水，放入除盐外的所有原材料，大火煮开。

4 调成小火，继续煮 1 小时，调入盐拌匀即可。

—— 烹饪秘籍 ——

新鲜的鲍鱼要现买现吃，用刷子洗净外壳后，用盐洗去鲍鱼肉表面的黏液即可。干制的鲍鱼用密封袋装好，放入冰箱冷冻保存。

—— 营养贴士 ——

鲍鱼肉质鲜美，蛋白质含量丰富，有海洋"软黄金"的美称。鲍鱼中的谷氨酸是其鲜美味道的源泉，是非常好的低脂高蛋白食物。

鲍鱼一直是各位老饕趋之若鹜的食材。如果想用一道拿手的好汤来招待亲朋，不妨放入一些鲍鱼。将其片成薄片，放入滚水中，看着它卷曲、翻滚，只消等待片刻，鲜味十足的鲍鱼汤就做好了。用这样的汤招待客人，绝对能成为餐桌上的点睛之笔。

补充蛋白质
菌香素鸡螺片汤

⏱ 50分钟 | 🥄 简单

主料
螺片干15克 | 素鸡150克 | 鲜香菇30克

辅料
姜片5克 | 葱段5克 | 盐1克

做法

1　螺片干提前泡发，洗净后沥干水分。

2　素鸡洗净后斜切成厚片，鲜香菇洗净后切片。

3　锅内加入1.5升清水，放入除盐外的所有原材料，大火煮开。

4　调成小火，继续煮40分钟后调入盐拌匀即可。

—— 烹饪秘籍 ——

豆制品极易变质，所以素鸡应现买现吃。短期储存可以用保鲜膜包好后放入冰箱冷藏，并尽快食用；如果购买得太多，也可以分成合适的分量后冷冻保存。

—— 营养贴士 ——

素鸡中富含植物蛋白，其中的氨基酸比例接近人体所需，更易于吸收。素鸡不仅是很好的蛋白质来源，也能起到补钙作用。

这道汤看起来似乎很普通，但其实它的精髓在于螺肉。经过长时间的炖煮，螺肉的精华融入汤中，还有那熟悉的香菇味，慢慢渗入素鸡，让最平凡的食材也有了不一样的风采。

喝一口真过瘾
酸辣海参汤

⏱ 60分钟 | ♡ 简单

主料

泡发海参 100 克 | 鲜香菇 50 克
泡发木耳 50 克 | 冬笋 50 克

辅料

辣椒酱 1 汤匙 | 陈醋 1 汤匙 | 白胡椒粉 2 克
玉米淀粉 10 克 | 姜丝 2 克 | 盐 2 克
植物油 2 茶匙 | 葱花 2 克

做法

1 海参洗净后切片；香菇洗净后切片；木耳去根，洗净后切细丝。

2 冬笋去皮后切成细丝，放入沸水中，焯水30秒后捞出，沥干水分待用。

3 另取一锅，加入植物油，烧至五成热时下入姜丝，炒出香味。

4 再依次加入海参片、香菇片、木耳丝和冬笋丝，翻炒2分钟至香菇变软。

5 加入900毫升清水，大火烧开后调成小火，继续煮20分钟。

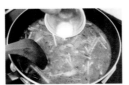

6 下入辣椒酱、陈醋，玉米淀粉中加入1汤匙水，调成均匀的水淀粉，以绕圈的方式缓慢倒入锅中，并边倒边搅拌。

7 往锅中调入白胡椒粉和盐，拌匀。

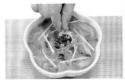

8 出锅后撒入葱花即可。

--- 营养贴士 ---

海参富含蛋白质和维生素，特别是富含锌元素和铁元素，能有效促进智力的发育，预防贫血，非常适合儿童、老人和女性食用。

--- 烹饪秘籍 ---

在泡发海参时要使用冰水，并确保泡发的容器是干净无油的，可以提前一晚将海参放在足量的水中，封上保鲜膜后放入冰箱冷藏保存，并确保每12小时换水一次，这样才能保证海参泡发充分。

酸酸辣辣的口感能促进食欲，在食欲不振的夏日，倒是可以准备一份这样的汤品。如果想让汤的味道更鲜，只需加入少量的海参提味。这样美味的汤端上桌，还会没有食欲吗？

换个花样吃生蚝
生蚝紫菜汤

🕐 40分钟 | 🍳 简单

主料
生蚝 250 克 | 紫菜 20 克

辅料
姜片 2 克 | 盐 2 克 | 香油 1 茶匙

做法

1　生蚝洗净外壳，用蚝刀撬开外壳，取出蚝肉。

2　紫菜用手撕成小片待用。

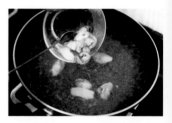

3　锅内加入 800 毫升水，大火烧开后下入姜片、生蚝。

4　调成小火，继续煮 15 分钟后下入紫菜。

5　再煮 5 分钟后加入盐并拌匀，出锅后淋入香油即可。

营养贴士

生蚝是一种低脂肪、高蛋白的海产品，它富含多种氨基酸和矿物质，不仅味道鲜美，还营养丰富，是非常好的蛋白质补充剂。

烹饪秘籍

新鲜的、品质好的紫菜泡发后应呈现紫红色。如果产品名称标注为烤制紫菜，泡发后颜色通常为深绿色，这是因为高温会令藻红素分解。闻起来有腥臭味、一捏就碎的紫菜往往已经不新鲜了，在选购时要格外注意。

鲜美的生蚝是每一个海鲜爱好者的追求。经过高温的洗礼，生蚝完成了它的华丽变身。谁说生蚝只能烤着吃？用它煮汤一样鲜美。这样简单的美味，赶紧动手做起来吧！

爽口海鲜汤
金针菇鱿鱼汤

⏱ 30分钟 | 🍳 简单

主料

鱿鱼 100 克 | 金针菇 80 克 | 干木耳 5 克

辅料

植物油 2 茶匙 | 姜末 2 克 | 盐 1 克
生抽 1 茶匙 | 葱花 2 克

做法

1 鱿鱼提前解冻，洗净，切成细丝。

2 木耳提前泡发，去根，洗净后切成细丝；金针菇洗净后切成两段。

3 锅内放入植物油，烧至五成热时，下入姜末爆香。

4 依次下入鱿鱼丝、木耳丝和金针菇，翻炒至鱿鱼丝卷起、金针菇变软。

5 加入 800 毫升清水，大火烧开后调成小火，继续煮 10 分钟。

6 调入盐、生抽并搅拌均匀，出锅后撒入葱花即可。

营养贴士

鱿鱼是一种海洋软体动物，没有刺和骨，吃起来比较方便。鱿鱼的脂肪含量较高，往往被人误解胆固醇含量高，其实，鱿鱼中的胆固醇是高密度胆固醇，与禽、畜类脂肪中的低密度胆固醇结构不同，适量摄入并不会造成健康风险。

烹饪秘籍

现在可以很轻松地买到冰鲜鱿鱼，品种的选择也很多。除了整条鱿鱼外，还有单独的鱿鱼须、鱿鱼体出售。鱿鱼体便于切割，适合煮汤或者炒菜；鱿鱼须便于入味，适合涮锅或者烧烤。

金针菇的菌香清淡，作为配菜，不管跟什么搭配在一起都不会喧宾夺主。这一次和鱿鱼一起入汤，即使用最简单的烹饪方式，也无法掩盖这道汤的爽口和鲜香。

真蟹肉更鲜美
冬瓜蟹肉汤

⏱40分钟 | 🥄简单

主料
蟹肉棒 150 克 | 冬瓜 100 克

辅料
葱花 2 克 | 香油 1 茶匙 | 盐 1 克

做法

1 蟹肉棒提前解冻，洗净后沥干水分。

2 冬瓜去皮、去瓤，切成薄片待用。

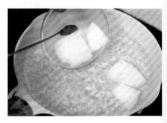

3 锅里加入800毫升清水，大火烧开后放入冬瓜片，调成小火，继续煮10分钟。

4 放入蟹肉棒，煮5分钟后加入盐并拌匀。

5 盛出后撒入葱花，淋入香油即可。

—— 营养贴士 ——

香油不仅是很好的增香提味调料，还能起到通便润肠的作用，但食用时也应注意用量，每次 2～4 克即可，不能贪多，在患有肠胃炎或者腹泻时要尽量避免食用。

—— 烹饪秘籍 ——

涮火锅的蟹肉棒是人工加工的淀粉制品，里面的蟹肉含量很少。如果在螃蟹最肥的季节，可以用蟹腿肉来做这道菜，味道会更好。

自带回甘的冬瓜，遇上了鲜嫩的蟹肉，让这道看起来普通的汤尝起来却别有一番风味。蟹肉丰富了汤的味道，冬瓜带来了更多的营养，低脂又健康的汤品，多喝几碗也无妨。

简单不失美味
蛏子粉丝汤

⏱ 2小时40分钟 | 🍳 简单

主料
蛏子200克 | 泡发粉丝50克

辅料
姜片5克 | 葱段5克 | 盐2克 | 白胡椒粉1克
淡盐水适量

做法

1 蛏子放入淡盐水中浸泡2小时，吐沙后洗净。

2 粉丝提前泡发后切成15厘米左右的段。

3 锅内加入1升清水，放入姜片、葱段，大火煮开。

4 下入蛏子，调成小火后继续煮15分钟。

5 下入粉丝段，再煮5分钟后加入盐、白胡椒粉并拌匀即可。

— 营养贴士 —

蛏子含有丰富的蛋白质和铁元素。体内缺铁时，会影响儿童的生长发育，导致成人免疫力低下，出现贫血症状。在日常饮食中要合理摄入含铁多的食物，如动物内脏、瘦肉、海产品等。

— 烹饪秘籍 —

用盐水浸泡蛏子时，中途要换水两三次，也可以在盐水中加入少量的香油，这样有助于蛏子吐净沙子。

蛏子肉质紧实，煮汤使其鲜味得到释放，用粉丝做配菜，也让汤更有吃头。一筷子夹起粉丝和蛏子肉，再一股脑吞进嘴里，鲜香爽滑，别提有多幸福了。

爽脆口感
香菇海蜇汤

⏱ 30分钟 | 👐 简单

主料

海蜇丝 100 克 | 鲜香菇 50 克

辅料

小葱 1 根 | 盐 1 克

做法

1 海蜇丝用冷水浸泡6小时以上，中途换水两次，至表面不咸后沥干水分。

2 香菇洗净后去根，切成薄片；小葱去根，洗净后切葱花待用。

3 锅里加入650毫升清水，放入香菇片，大火烧开后调小火煮10分钟。放入海蜇丝，煮5分钟后关火。

4 汤中加入盐拌匀，盛出后撒上葱花即可。

— 营养贴士 —

海蜇虽然富含水分，但干制后的海蜇富含蛋白质，特别是钙、碘的含量很高，是一种营养丰富的海产品。但因为其蛋白质为异体蛋白，容易造成过敏，过敏体质的人在食用时要格外注意。

— 烹饪秘籍 —

在热水中煮的时间过长，会令海蜇化掉，所以煮汤时一定要最后再放入海蜇。

谁说海蜇丝只能凉拌？爱好美食的人最不缺的就是创新精神。打破一成不变的传统思维，才能做出不一样的美味。这款新颖的海蜇汤，你不动手试试吗？

山珍与海味
茶树菇干贝汤

🕐 40分钟 | 🍳 简单

主料
干贝 60 克 | 茶树菇干 30 克

辅料
姜丝 3 克 | 葱花 2 克 | 料酒 1 汤匙
盐 2 克 | 植物油 1 汤匙

做法

1 干贝冲洗干净，放入加了料酒的水中提前泡发，泡发后沥干水分待用。

2 茶树菇干提前泡发，去根后洗净，切成两段。

3 锅内加入植物油，烧至五成热时放入姜丝炒香，再放入干贝和茶树菇，翻炒 1 分钟。

4 倒入 800 毫升清水，大火烧开后转小火继续煮 20 分钟。

5 加入盐并拌匀，出锅后撒上葱花点缀即可。

── 营养贴士 ──

干贝的蛋白质含量很高，远高于其他肉类和新鲜的扇贝，风干后的腥味也减淡了很多，更易于烹饪。

── 烹饪秘籍 ──

泡发干贝的水不要倒掉，静止沉淀后，取上层清水等量替换煮汤时的清水，可令汤的味道更加鲜美。

"食后三日，犹觉鸡虾乏味"，这是古人对干贝的评价，由此可见干贝味道的鲜美。干贝同茶树菇同煮，山珍和海味的组合便构成了这不可思议的味道。两种鲜味相互融合，一切便尽在不言中了。

吃出健康系列

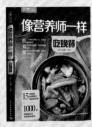

西餐轻松做

懒人厨房

烤箱料理

好吃懒做

懒人快手营养早餐

懒人下面条

花样烤箱料理

懒人健康菜

烤着吃才香

烤箱轻食

家常美食系列

米饭最佳伴侣

米饭爱小炒

烘焙精选

好汤好菜

意面和比萨

不可一日无肉

零失败家常菜

回家吃饭

一碗好酱一桌好菜

蒸炖煮一本全

鱼 我所欲也

原汁原味好吃蒸菜

清粥小菜

麻辣鲜香煲嘴川菜

花样主食

晚餐请吃七分饱

早午餐

爱吃馅

在家吃火锅

图书在版编目（CIP）数据

萨巴厨房. 汤汤水水，滋养全家 / 萨巴蒂娜主编 .
— 北京：中国轻工业出版社，2020.1
ISBN 978-7-5184-2744-4

Ⅰ . ①萨… Ⅱ . ①萨… Ⅲ . ①汤菜 – 菜谱 Ⅳ .
① TS972.12

中国版本图书馆 CIP 数据核字（2019）第 253729 号

责任编辑：高惠京　　责任终审：劳国强　　整体设计：锋尚设计
策划编辑：龙志丹　　责任校对：李　靖　　责任监印：张京华

出版发行：中国轻工业出版社（北京东长安街6号，邮编：100740）
印　　刷：北京博海升彩色印刷有限公司
经　　销：各地新华书店
版　　次：2020年1月第1版第1次印刷
开　　本：710×1000　1/16　印张：12
字　　数：200千字
书　　号：ISBN 978-7-5184-2744-4　定价：49.80元
邮购电话：010-65241695
发行电话：010-85119835　传真：85113293
网　　址：http://www.chlip.com.cn
Email：club@chlip.com.cn
如发现图书残缺请与我社邮购联系调换
190666S1X101ZBW